PROBABILITÉ ZÉRO

PROBABILITÉ ZÉRO

l'Impossibilité mathématique de l'évolution par sélection naturelle

VOX DAY

Traduit de l'anglais par Théodore Rochat

ÉDITIONS ALPINES

Probabilité zéro : l'Impossibilité mathématique de l'évolution par sélection naturelle
Vox Day

Publié par Éditions Alpines, Suisse.

ISBN : 978-3-03944-068-9
Version 1

Table des matières

Préface

Vox Day présente dans *Probabilité Zéro* une démonstration d'une simplicité désarmante, accessible au profane, de MITTENS, l'Impossibilité Mathématique de la Théorie de l'Évolution par Sélection Naturelle (*Mathematical Impossibility of The Theory of Evolution by Natural Selection*). Cet argument mathématique contre la théorie de Charles Darwin a été découvert indépendamment par de nombreux mathématiciens au fil des décennies. La présentation la plus célèbre de cet argument eut lieu lors de la Conférence de l'Institut Wistar en 1966, il y a soixante ans, et les actes de la conférence furent publiés sous le titre *Mathematical Challenges to the Neo-Darwinian Interpretation of Evolution* (Défis mathématiques à l'interprétation néo-darwinienne de l'évolution).

Le mot « mathématique » effraie bien des gens, mais en l'occurrence, les mathématiques de base sont très simples. La théorie de Darwin propose que l'évolution n'est pas dirigée, mais qu'elle se produit plutôt par la sélection naturelle agissant sur des variations génétiques *aléatoires*. Le mot « aléatoire » est la clé de voûte de l'argument. Si un être intelligent – un être humain, disons – contrôlait la variation génétique, cette variation serait *dirigée* vers l'objectif choisi par l'être intelligent, et pourrait être aussi rapide que cet être intelligent le souhaite. Puisqu'un processus *aléatoire* n'a par définition aucun objectif, un nombre considérable de variations doivent être essayées avant qu'une variation utile ne soit trouvée. Nous savons par observation que l'écrasante majorité des variations génétiques réduisent l'aptitude d'un organisme ; ainsi, avec une variation aléatoire, un nombre considérable de générations s'avère nécessaire pour qu'émerge accidentellement une variation qui augmente l'aptitude.

Comme il fut longuement souligné lors de la Conférence Wistar, et comme M. Day le démontre ici en détail, il n'y a tout simplement pas eu assez de générations chez aucun des organismes de la biosphère terrestre pour produire l'aptitude génétique observée par sélection naturelle. Autrement dit, M. Day démontre que, puisque l'évolution ne peut pas s'être produite par des moyens non intentionnels, l'évolution doit avoir été dirigée.

Le botaniste de Harvard Asa Gray fut, au XIXe siècle, le premier à proposer que la variation chez les organismes était dirigée par Dieu. M. Day a élaboré indépendamment une version plus sophistiquée de la théorie de Gray, qu'il a initialement appelée Manipulation Génétique Intelligente (MGI). Je propose d'appeler cette théorie dirigée de l'évolution la *Théorie Gray-Day*.

La plupart des élites instruites ont été conditionnées à rejeter d'emblée l'idée d'une évolution dirigée. Mais comme M. Day le démontre, leur rejet ne repose pas sur des preuves rationnelles mais sur un endoctrinement dans une fausse philosophie. L'Annexe sur la Mécanique Quantique démontrera que la Théorie Gray-Day est impliquée par la mécanique quantique.

Cette théorie alternative est essentielle, car nul n'abandonnera une théorie manifestement fausse sans disposer d'une alternative qui fonctionne mieux. Nous verrons que cette théorie alternative est non seulement plus satisfaisante, mais également testable – plus testable, même, que la fausse théorie darwinienne. Je ne puis qu'espérer que la démonstration limpide de M. Day que le darwinisme est mathématiquement impossible, publiée avec une description de l'alternative Gray-Day – une théorie plus générale –, conduira à des tests expérimentaux de cette alternative.

Albert Einstein prononça un jour cette phrase célèbre : « Dieu ne joue pas aux dés avec l'univers. » Autrement dit, Einstein croyait au déterminisme. Einstein rejetait la variation aléatoire. C'est exactement ce que dit la Théorie Gray-Day. Aussi, s'il était vivant aujourd'hui, Einstein serait le plus ardent défenseur de cette théorie.

Les contributions d'Asa Gray et de Vox Day à la Théorie Gray-Day sont analogues aux contributions relatives de Darwin et de Gregor Mendel au néo-darwinisme. On ne connaissait pas le gène à l'époque de Darwin et Gray, de sorte que le mécanisme de l'hérédité dut être intégré pour former ce qui devint connu sous le nom de Synthèse Moderne, la version contemporaine de la Théorie de l'Évolution par Sélection Naturelle. M.

Day intègre le composant génétique ADN, essentiel, à la théorie originale de Gray.

Probabilité Zéro représente le défi mathématique le plus rigoureux jamais publié contre la théorie néo-darwinienne. Point final.

Frank J. Tipler
Professeur de Mathématiques
Université Tulane
La Nouvelle-Orléans, Louisiane, États-Unis
16 décembre 2025

Introduction

Le XXIe siècle s'est montré d'une implacable sévérité envers les intellectuels des Lumières et les idéaux qui ont forgé la modernité. Un à un, les paradigmes hérités du XVIIIe siècle sombrent dans les oubliettes de l'histoire. Emmanuel Kant et Jean-Jacques Rousseau furent les premiers à choir ; avant même l'aube du siècle suivant, la Révolution française et le Règne de la Terreur qui s'ensuivit avaient déjà brisé la foi en un progrès par la seule raison, ainsi qu'en ces obligations découlant d'un contrat social aussi impalpable que contraignant.

L'utilitarisme de Jeremy Bentham et de John Stuart Mill fut le suivant à péricliter. Bien que la notion diffuse d'une société œuvrant au « plus grand bonheur du plus grand nombre » conserve un attrait superficiel, nul n'a jamais pris au sérieux l'ambition de quantifier la félicité, et encore moins de restructurer la cité sur de tels fondements. L'utilitarisme a échoué à susciter un champion capable de muer cette aspiration en un système appliqué, apte à engendrer de véritables politiques sociales.

Plus récemment, les dogmes selon lesquels la démocratie traduirait fidèlement la volonté populaire, la liberté d'expression constituerait un droit inaliénable, la séparation des pouvoirs préviendrait les abus tyranniques, ou le libre-échange générerait la prospérité par le biais de l'avantage comparatif, ont subi un choc frontal avec la réalité. Ils se fracassent désormais sur le déclin manifeste de cet Occident même qui avait accouché des Lumières.

Même la toute-puissante Loi de l'Offre et de la Demande, articulée par Adam Smith dans son ouvrage séminal de 1776, *La Richesse des Nations*, s'est effondrée sous l'analyse impitoyable de la logique mathématique ; l'économiste australien Steve Keen, dans *Debunking Economics*, a mis en exergue les travaux de William Gorman datant de 1953 : ce dernier prouva que la célèbre loi de Smith ne saurait s'appliquer aux courbes de demande globale dans les conditions réelles des économies de marché, annihilant de fait ce pilier de l'économie classique.

Il se trouve que j'ai moi-même modestement contribué à l'effondrement de l'argument de l'avantage comparatif de David Ricardo – ce socle intellectuel d'une idéologie aussi perfide qu'appauvrissante : le libre-échange. Si Ian Fletcher a accompli la part du lion en démolissant systématiquement ce concept, ma démonstration des conséquences inévitablement délétères de la mobilité du travail, intrinsèque aux hypothèses ricardiennes, a achevé de balayer les derniers vestiges de ces décombres doctrinaux.

Un schéma récurrent se dégage de la chute de ces shibboleths : plus une idée est abstraite et aspirationnelle, moins elle résiste à l'épreuve du temps, et plus l'adhésion publique à son égard s'étiole.

La théorie de l'évolution par sélection naturelle, théorisée et popularisée par Charles Darwin, figure parmi les concepts les plus abstraits et les plus ambitieux incorporés au corpus de la philosophie naturaliste. Bien que *De l'origine des espèces par le moyen de la sélection naturelle, ou la préservation des races favorisées dans la lutte pour la vie* ne fût publié qu'en 1859 – techniquement après l'ère des Lumières proprement dite – il n'en constitue pas moins l'aboutissement du grand projet de l'époque : expliquer le monde par des causes purement matérielles, sans recours à l'intervention divine.

En réalité, « l'idée dangereuse » de Darwin constitue sans doute la clé de voûte de tout l'édifice structurel des Lumières, comme en attestent les professions de foi de trois générations de maîtres à penser, jalonnant la longue marche de cette idéologie à travers la science et la société :

> *La théorie de Darwin est d'abord parvenue à modéliser une dynamique mécanique de la nature, s'acquittant ainsi d'une fonction systémique primordiale. Car l'idée de l'unité de la nature organique et inorganique est maintenant fermement établie ; et cette branche des sciences naturelles qui s'était le plus longtemps et le plus obstinément opposée à l'explication mécanique, à savoir la science de la structure des formes animées, s'engage précisément dans le sillage sur laquelle la physique et la chimie ont si longtemps voyagé avec un succès brillant.*
>
> – Ernst Haeckel, *L'Histoire de la Création*, 1868

La question "Qu'est-ce que l'homme ?" est probablement la plus profonde qui puisse être posée par l'homme. Elle a toujours été centrale dans tout système de philosophie ou de théologie... Le point que je veux souligner ici est que toutes les tentatives de répondre à cette question avant 1859 sont dénuées de valeur et que nous ferions mieux de les ignorer totalement.

– George Gaylord Simpson, *The Meaning of Evolution*, 1949

L'idée de Darwin ressemble incontestablement à un acide universel : elle ronge à peu près tous les concepts traditionnels et laisse dans son sillage une vision du monde révolutionnée, avec la plupart des anciens repères encore reconnaissables, mais transformés de manière fondamentale.

– Daniel Dennett, *Darwin's Dangerous Idea*, 1995

L'abandon progressif de ces idées s'explique par une réalité technique : au cours des cinquante dernières années, il est devenu possible de soumettre à l'épreuve empirique ce qui n'était auparavant que des idéaux abstraits dont on tenait les bienfaits supposés pour acquis. On ne saurait peser un droit de l'homme ou quantifier la volonté du peuple avec les instruments du XVIIIe siècle. Dans le cas du libre-échange, la circulation mondiale des biens et des capitaux n'a révélé sa véritable nature qu'avec l'avènement de l'aviation de masse et des télécommunications instantanées, permettant aux flux humains de suivre les flux financiers.

Après trente ans d'ALENA, d'EEE, de délocalisations massives et d'immigration pesant sur les salaires, plus personne ne croit les économistes lorsqu'ils affirment que, malgré l'état chancelant des économies occidentales massivement endettées, toutes ces politiques éclairées demeurent bénéfiques pour le grand public. Vous êtes peut-être sans emploi, incapable de vous marier, d'acheter une voiture et encore moins une maison, mais au moins vous faites travailler un petit Vietnamien chaque fois que vous achetez un iPhone à crédit !

Voici venu le tour de Darwin de sombrer dans l'insignifiance. Sa théorie de l'évolution par sélection naturelle a survécu à une première crise majeure lorsque Gregor Mendel découvrit ce que l'on appelle aujourd'hui la science génétique, mais elle fut sauvée par une révision opportuniste : la Synthèse Moderne, sur laquelle nous reviendrons plus loin. Toutefois, les germes de la destruction finale de la sélection naturelle avaient déjà été semés par Mendel, car le développement de la génétique a fini par atteindre un stade où il est possible de soumettre la théorie de Darwin, dans sa forme néo-darwinienne moderne, au test décisif du calcul mathématique.

Voici ce test, sous sa formulation la plus élémentaire. L'arithmétique n'est pas compliquée.

$$F_{max} = (t_{div} \cdot d) / (g_{len} \cdot G_f)$$

F_{max} = nombre maximal de fixations réalisables
t_{div} = temps de divergence (en années)
g_{len} = durée de génération (en années)
d = Coefficient de Renouvellement Sélectif
G_f = générations par fixation

La divergence génétique entre l'homme et le chimpanzé exige la fixation d'au moins 20 millions de mutations au sein de la lignée humaine depuis notre séparation hypothétique d'avec notre dernier ancêtre commun. En retenant l'estimation de 9 millions d'années et une durée de génération de 20 ans, nous obtenons un total de 450 000 générations pour réaliser cette évolution du proto-chimpanzé à l'Homme moderne.

Le taux de fixation mutationnelle le plus rapide jamais observé chez quelque organisme que ce soit, dans quelques conditions que ce soit, provient d'une étude de 2009 sur la bactérie *E. coli* publiée dans *Nature* : 1 600 générations par mutation fixée. Le Coefficient de Renouvellement Sélectif, sur lequel nous reviendrons, est de 1 et ne modifie rien dans ce scénario.

450 000 générations divisées par 1 600 générations par mutation égalent un maximum de 281 mutations fixées au total.

Le résultat est 281. La théorie de l'évolution par sélection naturelle doit en expliquer au moins 20 000 000.

L'arithmétique dicte que l'évolution par sélection naturelle ne peut rendre compte que de 0,0014 pour cent de l'écart génétique observé entre le dernier ancêtre commun homme-chimpanzé et l'Homme. De surcroît, comme vous le découvrirez, j'ai mis au jour au cours de la rédaction de ce livre des anomalies supplémentaires dans les modèles évolutifs standards qui réduisent encore de plus de moitié le nombre total de générations humaines disponibles.

Tout au long de ce livre, j'ai concédé au néo-darwinisme tous les avantages possibles :

— J'ai utilisé une période estimée plus longue pour la divergence homme-chimpanzé que le consensus scientifique actuel (9 millions d'années au lieu de 6 millions).
— J'utilise la durée de génération humaine la plus courte (20 ans au lieu de 29).
— J'ai utilisé le taux de fixation le plus rapide jamais observé (des bactéries en laboratoire plutôt que des mammifères en milieu naturel).
— J'ai utilisé la plus petite estimation de la différence génétique (40 millions au lieu de 60 millions).
— J'ai réparti les fixations équitablement entre les lignées (20 millions chacune; les générations plus courtes favorisent les chimpanzés, mais les preuves phénotypiques exigent une répartition fortement en faveur des humains).

Même avec tous ces avantages accordés à l'évolution par sélection naturelle, l'arithmétique ne fonctionne pas. Elle n'est même pas proche de fonctionner. De fait, sous des hypothèses plus réalistes fondées sur des modèles plus précis et les estimations scientifiques conservatrices, le pourcentage tombe à 0,00013 pour cent.

Ainsi, si vous ne croyez pas qu'il soit possible de marcher de New York à Los Angeles en moins de trente secondes, vous ne pouvez pas accepter l'affirmation selon laquelle l'évolution par sélection naturelle pourrait avoir rendu compte de la variation génétique observée entre les espèces. Car les probabilités des deux sont virtuellement identiques.

La question qui peut naturellement vous venir à l'esprit à ce stade est la suivante : si l'arithmétique est si évidente, pourquoi personne ne l'a-t-il remarqué auparavant ?

La réponse, comme vous le verrez, est que des mathématiciens et des physiciens d'élite soulèvent des objections très sérieuses contre la Synthèse

Moderne depuis 1966. Mais, comme vous le verrez également, les biologistes professionnels sont très mauvais en mathématiques comme en statistiques, ils ne sont pas bien formés dans ces domaines, et la structure institutionnelle de la science moderne garantit que les objections venues de l'extérieur du domaine, aussi redoutables et bien accréditées soient-elles, sont automatiquement rejetées et ignorées.

La seule raison d'être de ce livre est que les biologistes qui auraient dû faire ces calculs n'en étaient pas capables, et qu'ils ont refusé d'écouter ceux qui le pouvaient.

Plus important encore, les faits et chiffres réels nécessaires aux calculs – par opposition à la logique sous-jacente – sont des développements fondés sur la cartographie des génomes humain et chimpanzé achevée au début des années 2000. L'arithmétique et la logique étaient toujours là, mais nous disposons désormais des données empiriques pour les valider et rendre impossible à quiconque d'en nier les conclusions. C'est pourquoi *Probabilité Zéro* et l'Impossibilité Mathématique de la Théorie de l'Évolution par Sélection Naturelle représentent un dossier nouveau et concluant contre la théorie selon laquelle l'évolution par sélection naturelle serait à l'origine des espèces.

Vox Day

Cressier, Suisse

23 décembre 2025

Chapitre 1
The Basics of Genetic Science

La sélection naturelle est le processus le plus important de l'évolution.

– Ernst Mayr, *Toward a New Philosophy of Biology*, 1988

Avant de pouvoir discuter des mathématiques de l'évolution et de leurs implications pour la Théorie de l'Évolution par Sélection Naturelle, nous devons comprendre ce sur quoi portent nos calculs. Ce chapitre est un bref manuel à l'intention des non-biologistes, exposant certains termes et concepts fondamentaux qui apparaîtront tout au long du livre. Si vous possédez déjà une formation scientifique, n'hésitez pas à sauter ce chapitre. Dans le cas contraire, tout le nécessaire se trouve ici, et rien de tout cela n'est difficile à comprendre.

Si les biologistes y parviennent, croyez-moi, vous le pouvez aussi.

Qu'est-ce que l'ADN ?

ADN est l'acronyme d'Acide Désoxyribonucléique. L'ADN est une molécule qui porte les instructions pour construire et faire fonctionner un organisme vivant. Voyez-le comme un livre de recettes écrit dans un alphabet à quatre lettres, ou, si vous préférez, le langage de programmation le plus court du monde. Ces quatre lettres sont A, T, G et C et représentent l'Adénine, la Thymine, la Guanine et la Cytosine. Ces quatre lettres sont appelées *nucléotides* ou *bases.*

L'ADN a la forme d'une échelle torsadée, la fameuse double hélice que vous avez probablement vue à la télévision un jour ou l'autre. Les montants de l'échelle sont faits de sucre et de phosphate. Les barreaux sont faits de paires de nucléotides : A s'associe toujours avec T, et G s'associe toujours avec C. Ces appariements sont appelés *paires de bases*. Ainsi, chaque barreau de l'échelle torsadée est une paire de bases. Quand les scientifiques parlent de la *taille* d'un génome, ils font généralement référence au nombre de paires de bases qu'il contient.

Chaque gène est constitué de ces paires de bases. Les plus petits gènes humains comptent environ 250 paires de bases. Le plus grand gène humain est le gène de la dystrophine, qui compte environ 2,2 millions de paires de bases. La taille moyenne est de 55 000 paires de bases.

Le génome humain

Le génome humain – l'ensemble complet des instructions génétiques pour construire un être humain – contient environ 3 milliards de paires de bases. Soit 3 000 000 000 de barreaux sur l'échelle. Si vous l'imprimiez sous forme de texte, cela remplirait environ 200 annuaires téléphoniques. C'est votre code – le système d'exploitation sur lequel vous fonctionnez.

Cet ADN est organisé en 23 paires de *chromosomes* – 46 au total dans la plupart des cellules humaines. Vous en obtenez 23 de votre mère et 23 de votre père. Une paire détermine votre sexe biologique (XX pour femelle, XY pour mâle) ; les 22 autres paires sont appelées autosomes.

Gènes et séquences codantes

Un *gène* est une section d'ADN qui contient des instructions pour fabriquer une protéine spécifique. Les protéines effectuent la majeure partie du travail dans votre corps – elles forment des structures, transportent des signaux, combattent les infections et gèrent les réactions chimiques.

Les humains possèdent environ 20 000 gènes. C'est bien moins que ce qu'attendaient les scientifiques ; un minuscule ver appelé C. elegans en a environ 19 000. Or, la complexité d'un organisme ne dépend pas nécessairement du nombre de gènes, mais de la façon dont ces gènes sont régulés et de la façon dont ils interagissent.

Les gènes sont des collections de paires de bases qui varient considérablement en taille. Mais pour nos besoins liés à l'évolution et à la mutation, ce qui compte le plus est le type spécifique de paire de bases trouvé dans la section du gène appelée *la séquence codante*, qui est la partie du gène qui fournit les instructions pour construire les protéines. C'est pourquoi les biologistes parlent toujours de protéines.

C'est précisément là que les mutations, ou un changement d'une paire de bases, produisent un effet. Les plus petits gènes ont des séquences codantes de seulement 150 paires de bases. Le gène moyen a une séquence codante d'environ 1 250 paires de bases. La plus grande séquence codante appartient à un gène appelé titine et compte environ 90 000 paires de bases.

Chaque paire de bases à l'intérieur d'une séquence codante représente un point où une mutation pourrait avoir lieu et qui, si elle atteignait la fixation dans toute l'espèce, deviendrait une caractéristique permanente de cette espèce.

Qu'est-ce qu'une mutation ?

Une *mutation* est tout changement dans la séquence d'ADN. Cela peut être aussi petit qu'un changement d'une seule lettre (A devient G, par exemple) ou aussi grand que des morceaux entiers d'ADN supprimés, dupliqués ou réarrangés.

Les types de mutations comprennent :

Mutations ponctuelles (SNP) : Une seule paire de bases change. La séquence ADN AATGC pourrait devenir AATGC → AGTGC.

Insertions : Des paires de bases supplémentaires sont ajoutées à la séquence.

Délétions : Des paires de bases sont retirées de la séquence.

Réarrangements chromosomiques : De grandes sections d'ADN sont déplacées, inversées ou copiées.

La plupart des mutations sont soit nocives, soit neutres. Seule une infime fraction est bénéfique – et même les mutations bénéfiques doivent se propager dans toute une population avant de devenir une caractéristique permanente de l'espèce.

Qu'est-ce que la fixation ?

C'est le concept clé pour comprendre MITTENS. Quand une mutation apparaît pour la première fois, elle n'existe que chez un seul individu unique. Pour que cette mutation devienne un attribut permanent de l'espèce, elle doit se propager depuis ce premier individu jusqu'à ce que chaque membre de la population la porte. Ce processus s'appelle la *fixation*.

Pensez-y de cette façon : si une mutation vous donne les yeux bleus, mais que vous êtes la seule personne avec cette mutation, les yeux bleus ne sont pas encore une caractéristique standard de votre espèce. Ce n'est que lorsque cette mutation s'est propagée à toute la population – quand tout le monde a les yeux bleus – que cette mutation est devenue fixée.

La fixation prend du temps. Énormément de temps. Même une mutation hautement bénéfique qui procure un très fort avantage de fitness aux individus qui la portent nécessite de nombreuses générations pour se propager du premier individu muté à la population entière. Plus la population est grande et plus l'avantage procuré par la mutation est faible, plus le processus de fixation prend du temps. Tel est le goulet d'étranglement auquel s'attaque MITTENS.

Humains et chimpanzés

Selon la théorie évolutive, les humains et les chimpanzés partagent un ancêtre commun – une espèce qui a vécu il y a des millions d'années et qui s'est finalement divisée en deux lignées. Une lignée est devenue les chimpanzés modernes ; l'autre est devenue nous.

Ce proto-chimpanzé connu sous le nom de *Dernier Ancêtre Commun Chimpanzé-Humain* (généralement abrégé DACH) est estimé avoir vécu il y a environ 6–9 millions d'années. Les estimations ont considérablement varié au fil des décennies, de 4 millions d'années à 25 millions d'années, mais le consensus actuel se centre sur une fourchette de 6 à 9 millions. Pour les besoins de l'analyse mathématique, nous retiendrons le chiffre le plus élevé, afin d'accorder le bénéfice du doute à la Synthèse Moderne.

On dit souvent que l'ADN humain et celui du chimpanzé sont « identiques à 98 pour cent ». Puisque le génome humain compte 3 milliards de paires de bases, cela indiquerait une différence d'environ 60 millions de paires de bases, selon exactement comment vous catégorisez les divers éléments de l'ADN. Cependant, le Projet du Génome du Chimpanzé a identifié environ :

— 35 millions de différences nucléotidiques simples, également connues sous le nom de mutations ponctuelles.
— 5 millions d'événements d'insertion/délétion
— Divers réarrangements chromosomiques

Puisque ces 40 millions de différences ont effectivement été identifiées tandis que les 20 millions restants demeurent théoriques, nous accorderons également aux néo-darwiniens le bénéfice du doute en utilisant le plus petit nombre. Cette séparation génétique de 40 millions de paires de bases s'est accumulée dans les lignées humaine et chimpanzé depuis la division, ce qui implique que 20 millions de mutations ont dû atteindre la fixation dans la seule lignée humaine, les 20 autres millions uniques étant fixés dans la lignée du chimpanzé.

Générations

Une *génération* est le temps moyen entre la naissance des parents et la naissance de leur progéniture. Pour les humains, cela est généralement estimé à 20–25 ans. Pour les bactéries, cela peut être aussi court que 20 minutes. Pour les besoins de ce livre, et afin d'accorder aux néo-darwiniens tous les avantages possibles, j'ai utilisé une génération standard de 20 ans pour les humains.

La durée des générations revêt une importance capitale pour l'évolution. Plus le nombre de générations disponibles est élevé, plus les occasions sont nombreuses pour que des mutations se produisent et se propagent. C'est pourquoi les bactéries peuvent développer une résistance aux antibiotiques en quelques semaines alors que les grands mammifères changent beaucoup plus lentement sur des millions d'années.

En utilisant 20 ans par génération et 9 millions d'années depuis le DACH, les humains ont eu environ 450 000 générations pour accumuler leurs 20 millions de mutations fixées qui les distinguent à la fois des chimpanzés et du DACH. Savoir si c'est suffisant pour expliquer tous les changements observés dans toute la population humaine est la question centrale de ce livre.

Une clarification importante qui entrera dans cette analyse doit être notée ici. Quand les généticiens des populations utilisent le terme « génération », ils désignent quelque chose de très différent de la façon dont le mot est utilisé en référence aux Boomers, aux Millennials et à la Génération X. Dans les deux modèles standards – le modèle Wright-Fisher et sa révision ultérieure par Kimura – une « génération » représente la *population entière*. C'est si important que je le répète afin que vous le reteniez.

DANS LES MODÈLES DE FIXATION STANDARDS, UNE GÉNÉRATION REPRÉSENTE LA POPULATION ENTIÈRE.

En d'autres termes, tout le monde dans la génération parentale se reproduit simultanément à la fin de la période, puis la génération parentale entière disparaît immédiatement, remplacée par la génération descendante. La génération descendante devient la population suivante et complète. C'est ainsi que fonctionnent réellement les bactéries : la cellule parente se divise puis cesse d'exister.

Mais comme vous l'avez probablement remarqué, les humains ne fonctionnent pas de cette façon. Dans une population humaine réelle, une génération de 20 ans ne représente qu'environ 24 pour cent de la population vivante totale à un moment donné. Vos grands-parents, parents, vous, vos enfants et vos petits-enfants peuvent tous être vivants simultanément – cinq générations coexistant, chacune se reproduisant selon des calendriers différents, aucune d'entre elles ne disparaissant commodément quand la cohorte suivante naît.

Alors que les modèles de fixation des scientifiques supposent un renouvellement de 100 pour cent de la population par génération; l'observation et les statistiques démontrent environ 24 pour cent en moyenne dans le cas des humains aujourd'hui. Comme vous pouvez le constater, il ne s'agit pas d'une divergence mineure, et ses implications pour les délais de fixation chez les espèces à longue durée de vie n'ont jamais été adéquatement traitées à l'échelle macro avant ce livre.

Cette distinction entre génération de laboratoire et génération humaine effective sera abordée en détail au Chapitre Onze.

Termes clés en un coup d'œil

Les scientifiques utilisent souvent des mots différents pour décrire les mêmes choses, ce qui peut être déroutant. Voici une référence rapide :

Terme	Autre appellation / Signification
Paire de bases	Paire de nucléotides ; un barreau sur l'échelle de l'ADN
Génome	Ensemble complet d'ADN dans un organisme
SNP	Polymorphisme Nucléotidique Simple ; une mutation ponctuelle
Allèle	Une forme variante d'un gène
Fixation	Quand une mutation atteint 100 % de fréquence dans une population
DACH	Dernier Ancêtre Commun Chimpanzé-Humain
TESN	Théorie de l'Évolution par Sélection Naturelle
MITTENS	Impossibilité Mathématique de la Théorie de l'Évolution par Sélection Naturelle

Les chiffres qui comptent

Voici les chiffres de base que vous rencontrerez tout au long de ce livre :

Désignation	Valeur
Taille du génome humain	3 milliards de paires de bases
Nombre de gènes humains	20 000
Différence génétique entre humain et chimpanzé	40 millions de mutations fixées
Temps depuis le DACH	9 millions d'années
Génération humaine	20 ans
Générations depuis le DACH	450 000

Si vous pouvez comprendre ces chiffres et les concepts qu'ils représentent, c'est tout ce dont vous aurez besoin pour suivre l'argument. Les mathématiques sont importantes et certains des nombres impliqués sont grands, mais ce n'est vraiment pas difficile. La question que nous poserons est simple : étant donné le nombre total de générations disponibles et les taux observés auxquels les mutations se propagent dans les populations, y a-t-il suffisamment de temps pour que 20 millions de mutations aient atteint la fixation dans la lignée humaine ?

Telle est la question dont dépendent Darwin, la Synthèse Moderne et tout l'édifice philosophique dont la théorie de l'évolution par sélection naturelle est le fondement, pour leur survie.

Chapitre 2
La Descente de la Théorie de l'Évolution par Sélection Naturelle

Mais c'est précisément du fait qu'aucune autre explication n'est concevable que découle la nécessité pour nous d'accepter le principe de la sélection naturelle. Lui seul est en mesure d'expliquer la finalité des organismes sans recourir à un principe téléologique.

– August Weismann, « The All-Sufficiency of Natural Selection : A Reply to Herbert Spencer », *The Contemporary Review, Vol. 64*, 1893

Or, avant que vous ne perdiez votre sang-froid et ne vous abandonniez au réflexe pavlovien habituel envers quiconque récuse Darwin, la sélection naturelle et l'évolution, je tiens à vous rappeler que je ne suis pas le créationniste ordinaire et que je n'ai nullement l'intention de faire appel à des incrédulités personnelles concernant la complexité irréductible, le registre fossile ou l'âge de la Terre, et moins encore de vous citer la Genèse. L'argument mathématique que je soumets à votre considération et contemplation n'a rien à voir avec le dessein intelligent classique ni avec quelque autre argument créationniste que ce soit.

Je n'ai jamais rien lu de ce qu'a écrit Michael Behe. Ni l'autre individu que les athées ont tendance à mentionner lorsqu'ils découvrent que je ne suis pas convaincu que mes ancêtres partageaient un ancêtre commun avec le chimpanzé. Je n'ai jamais lu David Berlinski, je ne crois pas que les lions aient mangé les licornes sur l'Arche de Noé, et je ne vois nulle nécessité de mentionner la Bible, le Credo de Nicée-Constantinople ou la théologie chrétienne lorsque j'aborde le sujet de l'histoire de la biologie. Ma perspective sur le sujet est fondamentalement fondée sur le fait que l'une de mes spécialisations universitaires était l'économie, et donc lorsque je pense à ces questions, lorsque j'aborde le sujet de l'évolution, je le fais du point de vue statistique d'un analyste économique.

Ne me parlez pas de *Darwin's Black Box* et autres ouvrages du même genre. Je n'ai aucun intérêt pour l'approche philosophique en matière d'argumentation, puisque la plupart des gens ne sont pas en mesure de suivre la logique en jeu et ne changeront pas d'avis même lorsqu'on leur présente une démonstration logique irréprochable. Même si les critiques de Darwin avaient raison de se montrer sceptiques parce que les mathématiques prouvent désormais que tout leur scepticisme collectif était bien fondé, cela ne signifie pas que tous les arguments divers qu'ils ont avancés pour étayer leur scepticisme étaient concluants, convaincants ou corrects.

J'avais coutume de me décrire comme un sceptique de l'évolution. Ce n'est plus le cas. Désormais, je suis un négationniste complet et assumé. Je ne crois pas que l'évolution par sélection naturelle soit à l'origine des espèces.

Et lorsque vous serez à mi-chemin de cet ouvrage, vous non plus.

Le lien entre l'économie et l'évolution

Ce dont la plupart des gens ne se rendent pas compte, ce que la plupart des gens ne soupçonnent même pas, c'est qu'il existe un lien intrinsèque entre l'évolution par sélection naturelle et l'économie. De fait, il existe un nombre significatif de preuves historiques selon lesquelles Darwin aurait tiré son idée d'Adam Smith.

Michael Shermer a écrit un livre à ce sujet qui était vraiment fort bon. Il s'intitule *The Mind of the Market*. Il a démontré le lien historique entre l'économie classique et l'élaboration par Charles Darwin de la théorie de l'évolution par sélection naturelle, et il a établi une analogie intéressante entre le développement de l'économie et celui de l'évolution. Il a relevé comment la complexité sophistiquée de l'économie est un produit du même non-dessein ascendant dont les évolutionnistes croient qu'il crée la complexité des organismes vivants.

Ce n'est vraisemblablement pas un hasard que Charles Darwin ait produit sa théorie dans le sillage de la publication par Adam Smith de *La Richesse des nations*.

L'implication que Shermer formule dans l'ouvrage est que l'intervention divine n'est pas davantage nécessaire pour expliquer l'origine des espèces que l'intervention gouvernementale ne l'est pour expliquer l'émergence d'une économie de marché. Il existe une relation directe entre ces phénomènes, et c'est pourquoi je suis initialement devenu un sceptique sérieux de l'évolution. La raison pour laquelle je n'ai jamais pu prendre la théorie évolutive véritablement au sérieux est qu'en tant qu'étudiant de longue date de l'économie, j'ai reconnu la même logique absurde à l'œuvre dans les deux domaines.

Le problème tient à ce que les outils que les évolutionnistes utilisent pour tenter de prouver la théorie évolutive sont ceux qui se sont déjà avérés être des échecs en économie.

L'échec du test rétrospectif

Considérons l'idée que l'on peut utiliser la théorie évolutive pour remonter en arrière et prédire ce que l'on va trouver – chercher des patterns, chercher le développement des squelettes et tout ce type de choses. Cette technique est souvent utilisée en matière d'investissement, pour tenter de déterminer quels sont les patterns historiques des marchés.

Il y a quelques années, j'ai élaboré un modèle très sophistiqué des marchés boursiers qui était si précis qu'il n'a pas seulement parfaitement fonctionné en test rétrospectif sur vingt ans, mais fut utilisé avec succès pour identifier le point bas en 2009 à la suite du krach de 2008, lequel a lancé le grand marché haussier dans lequel le marché boursier se trouve depuis lors. Il identifia le point bas précis à la minute près, ce qui impressionna fort un cadre supérieur d'une très grande banque suisse ce jour-là. Fantastique, n'est-ce pas?

Faux.

Bien que ce modèle ait fonctionné magnifiquement durant vingt ans de test rétrospectif et ait même fonctionné parfaitement la première fois qu'il fut testé en direct, il s'avéra finalement être un échec total. Un échec absolu et total.

Aucune quantité de tests rétrospectifs ne constitue un substitut adéquat à un modèle prédictif, et il se trouve que le néo-darwinisme n'a jamais été en mesure de produire de modèles prédictifs efficaces, même s'il devrait, en théorie, être en mesure de le faire.

Désormais, je comprends pourquoi. Il n'a jamais été en mesure de le faire parce qu'il ne sera jamais en mesure de le faire. Parce que, comme il vous sera démontré de manière concluante et dans le détail, cela ne fonctionne tout simplement pas.

Sept raisons d'être sceptique envers l'évolution

Raison numéro 1 : Les preuves font défaut. Il existe des preuves considérables de l'existence passée de diverses espèces qui n'existent plus, mais il n'existe pas de véritable preuve de transition spécifique entre une espèce et une autre.

Raison numéro 2 : Les chronologies historiques qui soutiennent prétendument les théories testées rétrospectivement sont dynamiques, et le degré de ce dynamisme, l'ampleur des variations de ces chronologies, est tel qu'il est impossible de leur attribuer la moindre valeur.

Permettez-moi de vous donner un exemple. En 2014, dans un article intitulé « Human and Chimp Genes May Have Split 13 Million Years Ago », il fut établi que les ancêtres des humains et des chimpanzés auraient pu commencer à diverger génétiquement les uns des autres voici treize millions d'années – plus de deux fois plus longtemps qu'on ne le pensait communément.

Les chercheurs découvrirent que les humains et les chimpanzés partagent des taux de mutation très similaires, et à partir de ces données, l'équipe put calculer les taux de divergence. « Nos résultats indiquent que les génomes des ancêtres humains et chimpanzés divergeraient d'environ 0,1 pour cent par million d'années. Donc lorsque nous observons une divergence de 1,2 pour cent, nous en déduisons que cela a dû se produire voici environ 12 à 13 millions d'années – 13 millions d'années constitue notre estimation réelle. »

Or cinq ans plus tard, en janvier 2019, le taux de mutation moyen des humains s'établit à environ une mutation par deux milliards de paires de bases d'ADN par an. Afin de déterminer si les chimpanzés connaissent des taux similaires – rappelons-le, c'était l'hypothèse dans l'étude de 2014 – ils décidèrent d'étudier réellement les chimpanzés. Ils séquencèrent les génomes de neuf chimpanzés et obtinrent des taux de mutation différents.

Si les taux de mutation des grands singes sont appliqués, les chercheurs estiment que la spéciation qui a séparé les humains des chimpanzés s'est produite voici environ 6,6 millions d'années. Or si le taux de mutation des humains est appliqué, la spéciation se serait produite voici environ 10 millions d'années.

Nous avons donc désormais quatre chiffres différents en seulement cinq ans pour le même événement historique, provenant de deux groupes de chercheurs différents. Songez à la marge d'erreur impliquée dans ce processus ! Cela fait paraître les économistes du Bureau of Economic Analysis presque compétents, et j'ai consacré des chapitres entiers d'un ouvrage aux défauts fondamentaux de leurs calculs de PIB et d'inflation.

Raison numéro 3 : La TESN constitue un échec complet en tant que modèle prédictif. Les scientifiques ne tentent même pas de l'utiliser comme modèle prédictif.

Raison numéro 4 : La TESN est à la fois scientifiquement et technologiquement dénuée de pertinence. Or la science est intrinsèquement peu fiable pour diverses raisons. La science est ce que l'on appelle des idées lorsqu'on ne sait pas si elles fonctionnent réellement ou non. Une fois qu'une idée scientifique devient véritablement fiable, nous utilisons un mot différent pour la décrire : ce mot est *ingénierie.*

Raison numéro 5 : Des épicycles théoriques sont de plus en plus requis. Chaque fois que l'on a besoin de continuer à modifier et ajuster une théorie, elle est vraisemblablement incorrecte. C'est une heuristique fiable que nous connaissons par l'histoire des sciences. Le système ptolémaïque fonctionnait raisonnablement bien, mais à mesure que davantage d'informations devenaient disponibles, les astronomes durent produire des additions de plus en plus compliquées à leur modèle de base afin d'éviter de l'abandonner.

Lorsque l'on voit ce processus se produire, lorsqu'on voit des épicycles être produits, c'est une indication très forte que le modèle de base est fondamentalement erroné. De fait, avez-vous même conscience que la théorie moderne de l'évolution n'est plus la théorie de l'évolution par sélection naturelle? Elle est désormais plus correctement décrite comme – et ici je vais utiliser le terme de Richard Dawkins simplement parce qu'il me fait rire – le théorum de l'évolution par *probablement* la sélection naturelle, la sélection sexuelle, la mutation biaisée, la dérive génétique et le flux génique.

Oubliez la TESN. C'est désormais la TE(p)SNSSMBDGFG, si vous préférez.

Ces additions sont des épicycles évolutifs qui furent ajoutés à la théorie parce que même les néo-darwiniens furent contraints de conclure que la sélection naturelle est trop faible pour rendre compte de manière convaincante des changements suffisants aux gènes qui se sont produits au fil du temps.

Raison numéro 6 : L'évolution constitue un échec répété en tant que modèle explicatif. Il est stupéfiant de voir à quelle fréquence même des prédictions rétrospectives se révèlent être un échec.

En 150 ans, le mieux qu'ils aient jamais pu faire est de citer le moment où Richard D. Alexander donna une série de conférences sur l'eusocialité et déclara que si un mammifère évoluait comme un insecte, alors il présenterait certaines caractéristiques, et puis le mammologiste Terry Vaughan, qui assistait à l'une des conférences, déclara : « Mon Dieu, c'est une description parfaite du rat-taupe nu ! » Croyez-le ou non, ceci est véritablement cité comme preuve du pouvoir prédictif de la théorie évolutive. Et pourtant, l'homme n'a rien prédit. Le rat-taupe nu et son eusocialité existaient bien avant qu'il ne formulât sa non-prédiction.

Raison numéro 7 : Il existe un très long historique de fraude scientifique attaché à la théorie évolutive. Il y a une très bonne raison à cela. Comme vous le verrez, la fraude est tout ce qu'ils ont. C'est tout ce qu'ils auront jamais.

Le problème de l'illettrisme statistique

Il y a des années, j'étais engagé dans un débat public mineur avec un biologiste sur l'évolution, et il était véritablement confus. Il ne comprenait pas mes questions et, plus important encore, il ne comprenait pas la signification de son incapacité à répondre à mes questions. J'avais une question très simple à lui poser. Je lui dis : « Écoutez, si vous pouvez répondre à cette question, alors je pourrais bien être convaincu que la théorie évolutive fonctionne. »

« D'accord, quelle est votre question ? »

Je dis : « Quel est le taux moyen de mutation évolutive ? Quel est le taux moyen d'évolution, pour le formuler le plus simplement possible ? »

Et il ne pouvait comprendre la question. Il me dit même que ma question n'avait aucun sens.

Je dis : « Absolument, cela a du sens. Il y a une réponse. Il doit y avoir une réponse, et vous devriez pouvoir au moins me donner une fourchette approximative. »

Il n'avait aucune idée de ce dont je parlais. Il ne pouvait littéralement pas comprendre de quoi je parlais. Même lorsque je tentai de lui expliquer le concept d'un taux moyen, il ne pouvait saisir l'idée que si quelque chose se produit sur une période de temps, alors il existe absolument, à 100 pour cent, un taux moyen auquel cela se produit.

Certes, c'était un enseignant du secondaire, aussi pouvons-nous peut-être lui accorder quelque indulgence. Mais après avoir rencontré exactement la même réaction en posant la même question à un professeur d'université et auteur scientifique, cela me poussa à approfondir ce phénomène. Ce que je découvris, c'est que les biologistes, dans l'ensemble, ne comprennent pas le b.a.-ba des statistiques. Ils n'entendent rien aux probabilités. Beaucoup d'entre eux ne comprennent manifestement même pas le concept fondamental de moyenne.

J'ai enquêté sur la question. J'ai vérifié plusieurs universités de l'Ivy League, j'ai vérifié Stanford, j'ai vérifié plusieurs autres programmes. On peut aller jusqu'au bout – si l'on obtient un doctorat en biologie, on pourrait suivre un cours de calcul et on pourrait suivre un cours de niveau débutant en statistiques. Un titulaire de doctorat en biologie n'a pas la formation mathématique du détenteur moyen d'une licence en économie, et moins encore de quelqu'un dont la subsistance dépend de l'exactitude de ses calculs. Le courtier en bourse moyen a des kilomètres d'avance sur le biologiste moyen s'agissant des mathématiques et des statistiques de base.

Ils n'ont aucune idée de la manière de ne serait-ce que commencer à aborder ces problèmes. Ils ne comprennent pas comment les statistiques se rapportent nécessairement à leurs théories. Ils ne comprennent pas ce qu'impliquent les probabilités. Et c'est pourquoi leurs méthodes statistiques ne fonctionnent pas.

Masatoshi Nei, professeur de biologie à Penn State, réalisa une étude sur ce problème. Son équipe compila des données collectées par leurs collègues sur le terrain, puis se procura les données réelles impliquées, et les compara aux sites de sélection naturelle prédits statistiquement.

Cela signifie qu'un groupe avait effectué un ensemble de simulations afin d'examiner si la sélection naturelle avait opéré à des emplacements spécifiques dans certains gènes. Ces emplacements étaient statistiquement prévisibles et les prédictions étaient fondées sur les études de simulation des biologistes.

L'équipe de Nei découvrit que les méthodes statistiques prédisaient rarement les sites réels de sélection naturelle.

Nei lui-même déclara : « Cet exercice particulier a démontré la difficulté avec laquelle les méthodes statistiques sont en mesure de détecter la sélection naturelle. »

Afin de démontrer comment les petits échantillons conduisent à des résultats erronés, l'équipe utilisa des simulations informatiques pour examiner l'évolution génétique des gènes chez trois primates : les humains, les chimpanzés et les macaques. Les scientifiques reproduisirent les procédures simulées par les auteurs d'un article de 2007 lequel avait conclu que la méthode simulée prédisait correctement une sélection dans 32 des gènes qu'ils avaient étudiés.

Toutefois, l'équipe utilisant le test réel ne détecta aucune sélection. Les résultats indiquèrent que le nombre de substitutions nucléotidiques qui s'étaient produites était trop faible pour détecter une sélection quelconque. Par conséquent, les 32 positifs obtenus par la méthode statistique étaient tous des faux positifs.

Ces méthodes statistiques défectueuses ont conduit de nombreux scientifiques à croire que la sélection naturelle a agi sur bien plus de gènes chez les humains et les chimpanzés qu'il n'est mathématiquement possible, et à conclure sur cette base que la sélection naturelle est la raison pour laquelle les humains ont développé de gros cerveaux et d'autres caractéristiques distinctives. Or j'en suis venu à croire que ces scientifiques ont tort et, qui plus est, qu'il est possible de prouver qu'ils ont tort.

La raison en est que beaucoup des points de sélection dont ils parlent n'existent pas réellement. De fait, lorsqu'une équipe de recherche tenta finalement de faire de la vraie science au lieu de se fier à leurs simulations, ils finirent par falsifier les chiffres pour faire croire que leurs méthodes statistiques avaient fonctionné.

Nei conclut que pour obtenir une image plus réaliste de la sélection naturelle, les biologistes devraient associer les données expérimentales à leurs données statistiques chaque fois que possible. Cela a peu de chances de fonctionner puisque les biologistes n'étudient pas véritablement les statistiques même si les modèles statistiques constituent désormais ce sur quoi repose la majeure partie de leur science actuelle.

Voici la citation clé : « Les scientifiques n'utilisent généralement pas de données expérimentales parce que de telles expériences peuvent être difficiles à mener et parce qu'elles prennent beaucoup de temps. »

Relisez cela.

Les scientifiques n'utilisent généralement pas de données expérimentales.

Qu'est-ce que cela signifie ? Cela signifie qu'ils ne font pas de science. Ils ne recueillent même pas de données empiriques. Ce sont des statisticiens amateurs incompétents et non formés qui tentent de prouver la légitimité de théories qui ne sauraient être vraies au moyen de statistiques qu'ils ne comprennent pas, et ils se fient indûment au prestige de la méthode scientifique qu'ils n'utilisent même pas pour convaincre autrui qu'ils ont raison.

Il y a un schéma à l'œuvre ici, et c'est le même schéma que nous avons vu à l'œuvre dans l'échec des idéaux et des idées des Lumières au fil du temps.

1. Un modèle simplifié est élevé au rang de loi naturelle
2. Le modèle est déployé pour justifier des conclusions philosophiques et politiques radicales
3. Les experts finissent par comprendre les limites du modèle mais ils ne corrigent pas le récit public parce que les conclusions sont idéologiquement commodes
4. Quelqu'un finit par effectuer les calculs que les experts auraient dû effectuer
5. Les experts se réfugient derrière « personne ne croit vraiment la version simplifiée » pour éviter la critique tout en continuant de laisser cela être enseigné au grand public.

Lorsque l'on considère le nombre d'épicycles qui ont été ajoutés à la théorie néo-darwinienne, lorsque l'on considère la quantité de fraude, lorsque l'on considère l'incompétence totale démontrée en matière de statistiques et d'arithmétique, il n'y a aucune raison que cela soit même pris au sérieux. On ne devrait pas le prendre plus au sérieux qu'un horoscope de journal.

Les biologistes sont terrifiés par la vraie science. Pourquoi ? Parce que la vraie science réfute les mauvaises théories.

Les biologistes évolutionnistes mènent étude après étude qui prétend révéler des résultats statistiques significatifs, puis ils affirment que les résultats sont « cohérents avec l'évolution par sélection naturelle ». Or, souvenez-vous-en, ils ne comprennent pas les statistiques. Ils ne comprennent pas les probabilités. Et ils ne comprennent assurément pas la logique.

Les vraies statistiques montrent que les probabilités que la sélection naturelle explique des différences génétiques significatives, sans même parler de toutes celles qu'elle est censée expliquer, sont si faibles que la soi-disant Synthèse moderne n'est tout simplement plus crédible.

Chapitre 3
L'Indigence Académique de l'Évolutionniste

Je conviens que les principes de la génétique doivent être expliqués de manière approfondie, mais il n'est nul besoin de tant d'arithmétique mendélienne.

– Ernst Mayr, *What Evolution Is : From Theory to Fact*, 2002

Il est éclairant de considérer certains des commentaires qui m'ont été adressés à la suite de la publication de mes deux premières vidéos sur l'argument mathématique contre la sélection naturelle et sur l'incapacité des biologistes à y répondre.

— « J'ai une licence en microbiologie et biologie, et vous avez raison – je n'ai suivi que le cours de biostatistique de première année. En troisième année, on attendait de moi une connaissance plus approfondie des statistiques, sans pour autant avoir dispensé de formation en ce sens. C'était à l'Université de Sydney. »

— « Les mathématiques qui sous-tendent la modélisation n'ont jamais été enseignées aux biologistes, même sous forme de cours optionnel élémentaire, et elles sont impénétrables pour les pairs censés les évaluer pour publication. Donc vous avez des non-mathématiciens qui rédigent et examinent et essaient de comprendre ce qui sont essentiellement des articles de mathématiques/informatique. »

— « Le problème est que, aussi incroyablement improbable qu'une hypothèse d'évolution biologique puisse être – même au point d'être essentiellement impossible – d'un point de vue bayésien, le domaine est construit sur la perspective de milliards d'années d'échelle avec des billions d'opportunités à travers des mutations par mois, jour, seconde. Donc l'incidence totale d'opportunité est de facto une infinité, faisant ainsi de chaque assertion une « possibilité raisonnable » aussi extravagant que soit son potentiel réel d'occurrence – balayant d'un revers de main toute objection statistique fondée et créant l'illusion de validation pour des affirmations ridicules si elles sont formulées dans le jargon approprié. »

— « Je suis dans un programme de doctorat en économie. Notre assistant en économétrie a tenté d'estimer les paramètres pour le bénéfice marginal que les mutations ont sur la reproduction. Il n'y parvient pas, et ne croit plus en la théorie. »

Observez maintenant l'élément clé mentionné dans ce dernier commentaire notre assistant en économétrie. L'économétrie est la modélisation mathématique de l'économie. Les économètres tendent à être les économistes les plus versés en mathématiques, et les économistes tendent à figurer parmi les scientifiques les plus intelligents. Il n'est guère surprenant qu'un mathématicien qualifié qui a été formé pour créer des modèles mathématiques change d'avis sur l'évolution dès lors qu'il entreprend de modéliser réellement les taux de mutation, les taux de spéciation, et ainsi de suite. Quand vous arriverez au Chapitre Onze, vous comprendrez pourquoi !

Les évolutionnistes n'ont généralement ni la formation ni les aptitudes pour faire les calculs. En fait, si vous regardez les QI relatifs ou les scores SAT relatifs des différents domaines scientifiques, les personnes se déclarant en biologie sont, depuis des décennies et de manière constante, les moins intelligents des scientifiques.

Ce qui explique vraisemblablement pourquoi les biologistes évolutionnistes ont opéré pendant plus de 150 ans sans jamais parvenir à établir les constantes de taux fondamentales de leur domaine. Ils vous affirmeront *que* l'évolution s'est produite, peuvent décrire *ce que* l'évolution produit supposément, savent tisser des récits expliquant *pourquoi* certaines caractéristiques ont été sélectionnées, et vous affirmeront même qu'il n'existe pas d'autres alternatives possibles à l'évolution par sélection naturelle, mais ils sont incapables de vous dire *à quelle vitesse* tout cela s'est produit. Et quand vous demandez, les biologistes ne répondent pas « nous ne sommes pas sûrs » ou « les estimations varient » ou « c'est un domaine de recherche actif ». Ils ne comprennent tout simplement pas la question.

Voilà ce qui se produit quand un domaine n'a jamais été contraint d'effectuer les calculs.

Comment une discipline scientifique entière finit-elle par être peuplée de gens qui ne peuvent pas s'engager avec les fondements quantitatifs de leur propre théorie ? La réponse tient à la façon dont les biologistes sont formés.

Un doctorat en biologie nécessite des cours en biologie moléculaire, génétique, écologie et biochimie. Il nécessite des rotations en laboratoire, un projet de thèse et une soutenance devant un comité d'experts. Ce qu'il ne nécessite pas, dans la plupart des institutions, c'est l'analyse. Il ne nécessite pas la théorie des probabilités. Il ne nécessite aucune compréhension de la combinatoire, de la théorie de l'information ou de la modélisation mathématique au-delà du niveau le plus superficiel.

La chose la plus exigeante mathématiquement que la plupart des doctorants en biologie rencontrent est les statistiques – et pas les fondements mathématiques des statistiques, mais l'*application* de tests statistiques pré-emballés aux données. Ils apprennent quel test appliquer à quel type de données : test t pour comparer deux moyennes, ANOVA pour en comparer plusieurs, chi-carré pour les données catégorielles, régression pour les relations continues. Ils apprennent à saisir des chiffres dans un logiciel et à interpréter le résultat. Ce qu'ils n'apprennent pas, c'est ce que ces tests signifient véritablement, sur quelles hypothèses ils reposent, ou à quelles questions ils sont incapables de répondre.

Autrement dit, vous pouvez passer une décennie dans l'enseignement supérieur à étudier la biologie évolutive et ne jamais rencontrer une seule fois les mathématiques nécessaires pour évaluer les affirmations centrales de votre domaine. Vous apprenez à manier des logiciels phylogénétiques sans comprendre les algorithmes qui construisent les arbres. Vous apprenez à *interpréter* les valeurs p sans comprendre cc qu'est une distribution de probabilité ou pourquoi la significativité statistique n'est pas la même chose que la significativité pratique. Vous apprenez à *citer* des modèles de génétique des populations sans être capable de les dériver, de vérifier leurs hypothèses, ou de reconnaître quand ils sont appliqués en dehors de leur domaine de validité.

> *J.B.S. Haldane a effectué un calcul hypothétique pertinent. Il a supposé une pression de sélection en faveur d'une nouvelle mutation si faible qu'elle semblerait triviale : pour chaque 1 000 individus porteurs de la mutation qui survivent, 999 individus sans la mutation survivront. Cette pression de sélection est bien trop faible pour être détectée par des scientifiques travaillant sur le terrain. Étant donné l'hypothèse de Haldane, combien de temps faudra-t-il pour qu'une telle nouvelle mutation se propage dans la moitié de la population ? Sa réponse était de seulement 11 739 générations si le gène est dominant, 321 444 générations s'il est récessif. Dans le cas de nombreux animaux, ce nombre de générations représente un clin d'œil à l'échelle géologique.*
>
> – Richard Dawkins, *The Genetic Book of the Dead*, 2024

Dawkins s'imagine d'une manière ou d'une autre que 11 739 générations seulement, voire 321 444 générations, constituent plus qu'assez de temps pour que l'évolution se produise. Et ce n'est même pas le nombre de générations requis pour la fixation, ce n'est que la moitié du chemin, ce qui signifie que les vrais chiffres vont de 23 478 à 642 888 générations. Si nous devions appliquer le clin d'œil géologique de Dawkins aux 9 millions d'années séparant le DACH d'*Homo sapiens*, il n'y aurait pas assez de temps pour que la sélection naturelle fasse évoluer une seule paire de bases !

Souvenez-vous, il pense réellement qu'il plaide ici en faveur de l'évolution par sélection naturelle. Au lieu de cela, cela démontre qu'il ne prête absolument aucune attention aux contraintes temporelles pertinentes. Apparemment, personne d'autre non plus.

Le programme de biologie de Stanford

Cependant, vous n'avez pas à me croire sur parole. Examinez la liste des cours requis pour le domaine d'étude en Écologie et Évolution, qui est le programme de premier cycle en biologie à l'Université Stanford. Regardez la liste complète de tous les cours que Stanford offre :

— Ecology and Evolution of Infectious Disease
— Changing World Views, Literature and Science

— Introduction to Conservation Photography
— Human Origins, Introduction to Human Physiology
— Natural History, Marine Biology and Research
— Hacking the Genome
— Visions of Paradise Garden Design
— Evolution from DNA to Dinosaurs
— Ecology for Everyone
— Introduction to Laboratory Research in Cell and Molecular Biology
— Introduction to Research in Ecology and Evolutionary Biology
— Microbiology Experiments, Physiology, Cell Biology
— The Human Genome and Disease
— Fundamentals of Molecular Evolution
— Ornithology, Introduction to Biophysics
— The Ecosystems of California
— The Science of Extreme Life in the Sea
— Ecology and Evolution of Animal Behavior
— The Developmental Basis of Animal Body Plan Evolution
— Modeling Cultural Evolution
— Neuroplasticity
— Advanced Imaging Lab
— The Hidden Kingdom : Evolution, Ecology, and Diversity of Fungi

Remarquez-vous quelque chose qui fait défaut dans ce catalogue? Remarquez-vous quelque chose qui est complètement absent?

Ce sont les mathématiques. Les mathématiques sont quasi absentes du programme. Il y a en fait un cours, mais c'est un cours avancé : *Bio 287A, Advanced Topics in Mathematical Evolutionary Biology*.

Certes, vous pourriez objecter : « Mais ce ne sont là que les cours de biologie. » Vrai, alors regardons quelles sont les exigences générales du diplôme.

Vous devez suivre Bio 60, Bio 61, Bio 62. Ensuite, vous devez suivre cinq cours sur six, qui sont encore tous des cours de biologie génériques. Ensuite, vous devez faire quelques laboratoires. Un peu de chimie.

C'est ici que cela devient véritablement intéressant. Mathématiques : « Choisissez une séquence. » Mais Math 19, 20 et 21 sont tous du calcul de base – essentiellement une progression lente à travers l'analyse pour les nuls. Quand j'ai étudié l'analyse, d'abord au lycée puis de nouveau à l'université, les deux fois c'était un cours d'un semestre. Ce que Stanford fait, c'est le ralentir pour les étudiants en biologie.

Devinez pourquoi…

Gardez à l'esprit : vous pouvez suivre ces trois cours de calcul, ou vous pouvez suivre ce qu'ils appellent Math 51, qui est un cours assez légitime qui combine algèbre et calcul. Ou vous pouvez suivre un cours d'ingénierie de niveau 100 qui couvre quelques mathématiques.

Ou, si vous avez un seul crédit AP en mathématiques, vous n'avez pas à suivre de mathématiques du tout.

C'est une plaisanterie. Une véritable plaisanterie!

Mais qu'en est-il des statistiques? N'y a-t-il pas un cours de stats?

Il y en a un en effet. En fait, c'est un cours de statistiques spécial juste pour les étudiants en biologie : *Statistics : Bio 141*. Et c'est tout ce dont vous avez besoin.

Alors qu'est-ce que Bio 141? Jetons un coup d'œil.

Bio 141 : Introductory Statistical Methods for Biological Data. Description des données, résumés numériques et graphiques. Introduction aux probabilités et à l'inférence statistique. Tests d'hypothèses et intervalles de confiance. Méthodes statistiques intermédiaires : comparaison de groupes, analyse de variance, analyse des associations, régression linéaire et logistique. Méthodes pour données catégorielles, tableaux de contingence et rapport des cotes. Contenu du cours intégré avec le calcul statistique en R.

Autrement dit, c'est des statistiques pour débutants. Ces étudiants en biologie obtiennent leur diplôme de Stanford après avoir suivi trois cours de 80 minutes par semaine pendant un trimestre, donc ils reçoivent environ 40 heures de cours sur le sujet. C'est tout.

Doutez-vous encore de leur incapacité à reconnaître ou comprendre les problèmes mathématiques de la théorie après avoir vu ce que traversent certains de leurs étudiants les plus élitistes?

Le plus drôle est que si vous regardez les programmes de doctorat, que ce soit à Stanford, à Harvard, ou dans n'importe quelle autre université d'élite, vous constaterez que l'évolution est presque entièrement dépourvue de pertinence pour tous les programmes de biologie sérieux.

Ils ont des parcours qui se concentrent spécifiquement sur la biologie évolutive, bien sûr, mais ces parcours tendent à être beaucoup plus petits et largement non pertinents.

Et il n'y a pas plus de cours de mathématiques ou de statistiques au-delà de ce que vous avez vu dans ces niveaux de premier cycle de Stanford.

Par exemple, voici ce que vous devez faire pour obtenir un doctorat en sciences biologiques à Harvard : Les cours sont Analyse de la Littérature Biologique, Principes de Génétique, Principes de Biologie Moléculaire, Principes de Biologie Cellulaire. Ensuite, ils ont des cours de compétences, dont aucun n'a quoi que ce soit à voir avec les statistiques ou les mathématiques. Ce sont des discussions intensives en petits groupes centrées sur l'analyse critique d'articles de recherche fondamentale provenant d'un large éventail de domaines incluant la biochimie, la biologie cellulaire et développementale, la génétique et la microbiologie. Les articles sont discutés en termes de leur contexte, signification, hypothèse, méthodes expérimentales, qualité des données et interprétation des résultats.

Mais ils ne font rien pour se préparer au type de mathématiques et de statistiques requis pour rivaliser avec les esprits mathématiques, les physiciens, ou même les économistes. Ils ne comprennent véritablement pas ces choses. Richard Dawkins, le professeur d'Oxford, ne comprend clairement pas ces choses.

Ce n'est pas mieux au Royaume-Uni, où les A-levels de mathématiques qui couvrent certaines statistiques sont requis pour la physique et la chimie, mais pas pour la biologie.

Dans *The Irrational Atheist*, j'ai mentionné qu'un mathématicien français assez célèbre s'est ouvertement moqué de Richard Dawkins et l'a décrit comme « innuméré ». Il avait raison de le faire. Les évolutionnistes ne comprennent littéralement pas les défauts fondamentaux de leur théorie et de leurs concepts fondamentaux sur la façon dont la biologie évolutive est censée fonctionner.

Et finalement, à Harvard, ils disent : « Un cours avancé de statistiques est également requis » – et souvenez-vous, c'est pour le doctorat – « sauf dispense accordée par le corps professoral sur la base de la préparation académique de l'étudiant. »

Ce qui signifie, bien entendu, qu'ils n'ont pas à le suivre. Si vous pouvez convaincre votre directeur de thèse de vous en dispenser, vous pouvez y échapper.

Donc ce que vous voyez ici, c'est un groupe d'illettrés statistiques tentant de prouver des choses qui ne peuvent pas être prouvées scientifiquement ou statistiquement. Ils essaient de créer des modèles statistiques pour simuler les processus historiques, malgré le fait qu'ils n'ont pas les connaissances ou la formation statistiques pour le faire. Ils n'ont pas la formation mathématique pour créer ces modèles, ni même pour comprendre ce qui doit y entrer.

Et quand des personnes plus intelligentes, plus versées dans les chiffres, essaient de créer ces modèles, ils n'y arrivent pas. Cela ne fonctionne pas.

Voilà pourquoi la biologie évolutive est une impasse. C'est une impasse intellectuelle et scientifique.

Et le pire, c'est qu'ils le savent à un certain niveau. C'est pourquoi ils paniquent et deviennent si en colère et si contrariés et très frustrés et commencent à traiter leurs critiques de tous les noms, parce qu'ils n'ont même pas la capacité de saisir la nature fondamentale des critiques qui leur sont adressées.

Le problème de la tautologie

Le premier principe de l'évolution avec lequel j'ai un problème est le concept de sélection naturelle et de fitness. C'est une tautologie. Il y a un escamotage sémantique à l'œuvre avec ce principe.

Qu'est-ce qui est « apte » ? Eh bien, quiconque se reproduit le plus.

Mais la reproduction n'est pas entièrement dirigée par la pression de la sélection naturelle. Personne ne fait jamais d'études appropriées où ils peignent cinquante ours polaires en rose et déterminent ensuite quels sont leurs taux de reproduction relatifs par rapport aux ours polaires blancs. C'est le genre d'expérience en fitness environnemental qui serait au moins quelque peu pertinente pour le processus de sélection – même si elle ne serait pas du tout concluante – mais les biologistes ne font pas ce genre de chose.

Ce qu'ils font, c'est observer des choses qui se produisent déjà et puis déclarer triomphalement : « ce que nous avons observé est cohérent avec la théorie de l'évolution ! » Mais peu importe ce qui se passe, peu importe ce qu'ils observent, ils affirment que c'est cohérent avec la théorie de l'évolution, parce que la théorie de l'évolution est une tautologie.

Noam Chomsky l'a démontré. Karl Popper l'a dénoncé. Tout le concept de l'évolution semble avoir du sens, mais c'est soit une tautologie, soit trivialement vrai. Dans aucun des deux cas, ce n'est un fondement solide ou suffisant pour les idées qu'il prétend supporter.

La nature circulaire de la science évolutive

Presque toute la science qui est liée à l'évolution et à la biologie évolutive est un cercle auto-référentiel. Tout ce qu'ils essaient de faire est de prouver que les choses sont « cohérentes avec » la théorie. N'importe qui peut le faire. C'est un jeu d'enfant de nos jours. Jetez un œil à l'article Sakana à l'Annexe B, que Gemini 3 a qualifié de « référence absolue » de ce qu'un article de biologie devrait être.

Mais c'est une approche défectueuse d'un point de vue philosophique, parce que ce n'est pas ainsi que la science fonctionne. La science ne consiste pas à assembler un nombre minimum d'études qui sont cohérentes avec quelque chose afin de générer une affirmation que c'est vrai. La science ne concerne pas la vérité et l'établissement de ce qui est vrai, la science est limitée à la falsification et à l'établissement de ce qui ne peut pas être vrai.

Il y a plus de science véritable dans ce livre que dans tous les livres jamais écrits par Richard Dawkins, réunis. Richard Dawkins est un charmant auteur de science-fiction évolutive, mais sa maîtrise des mathématiques, de la programmation et de la théorie des jeux est au niveau de Stéphanie Meyer ou J.K. Rowling.

J'ai le pressentiment que nous pourrions en venir à considérer l'invention de la Stratégie Évolutivement Stable comme l'une des avancées les plus importantes de la théorie évolutive depuis Darwin.

– Richard Dawkins, *Le Gène Égoïste*

Ce que les biologistes évolutionnistes font, c'est inventer de jolies petites histoires, puis inventer de jolis petits jeux avec des modèles

ESS et postuler sur la façon dont le déroulement de ces jeux pourrait illustrer leurs théories. C'est à peine un cran au-dessus de jouer à *Call of Duty* et d'appeler cela de la science. C'est parce que les biologistes évolutionnistes n'osent pas faire d'études ou exécuter de simulations qui falsifieraient l'évolution par sélection naturelle. Ils ne permettent pas la publication d'articles qui démontrent que la sélection naturelle ne peut pas être vraie, bien que, comme nous l'avons déjà vu, ils ne peuvent pas les comprendre de toute façon. Et même s'ils réussissaient à se frayer un chemin à travers l'un d'eux, nous savons parfaitement bien qu'ils se retourneraient et affirmeraient que ce n'était pas pertinent pour une raison absurde qu'ils ne comprennent manifestement même pas.

C'est exactement ce qu'ils feront avec ce livre. Comme vous le verrez dans les chapitres à venir, je sais déjà exactement le terrain sur lequel ils se replieront d'abord, et celui vers lequel ils se replieront après cela. Et celui d'après.

Voyez-vous, si des scientifiques de l'Université d'Anchorage peignaient cinquante ours polaires en rose et observaient ensuite que les cinquante ours polaires roses s'avéraient être plus aptes que les ours qui avaient développé une fourrure translucide qui paraît blanche pour mieux convenir à leur environnement, cela falsifierait, techniquement, l'évolution par sélection naturelle. Pensez-vous qu'il y a un seul biologiste sur la planète qui, en lisant cet article, dirait : « Oh, eh bien, je suppose que nous avions tous tort » ?

Bien sûr que non.

L'évolution par sélection naturelle est, et a toujours été, une tautologie, pas une science. Ce n'est pas expérimental. Ce n'est pas soutenu par les preuves. Cela n'utilise même pas la méthode scientifique. C'est littéralement une non-science.

> *Dire qu'une espèce vivant actuellement est adaptée à son environnement est presque tautologique. L'adaptation ou la fitness est définie par les évolutionnistes modernes comme la valeur de survie, et peut être mesurée par le succès réel dans la survie. Il n'y a guère de possibilité de tester une théorie aussi faible que celle-ci.*
>
> – Karl Popper, *La Quête Inachevée*, 1974

Et pourtant maintenant nous pouvons le faire grâce à la cartographie des génomes. Le fait que Popper ait été poussé à émettre une rétractation manifestement hypocrite quatre ans plus tard dans son article « Natural Selection and the Emergence of Mind » n'est pas un témoignage de la légitimité scientifique de la théorie, mais sert plutôt de preuve de la corruption du scientisme professionnel.

Le fait que Popper n'ait jamais révisé les passages « rétractés » dans *La Quête Inachevée* dans les éditions ultérieures de 1978 et 1982 nous dit ce qu'il pensait réellement de la théorie évolutive.

Et il avait raison.

Le problème de la dominance des mutations

Pour qu'il y ait évolution, la mutation doit être reproductivement plus avantageuse que son prédécesseur. Elle doit permettre la production de plus de descendants que l'alternative. C'est très simple. C'est tout ce dont la sélection naturelle dépend. Si vous n'avez pas d'avantage reproductif, un avantage matériel, et dans certains cas un avantage assez significatif, alors aucun changement ne se produit à l'échelle de l'espèce.

Ce que j'ai appris, c'est que quand vous parlez à un évolutionniste des mutations, ils commencent à parler de la rapidité avec laquelle les mutations peuvent se produire. D'accord, accordons-leur cela.

Mais le problème fondamental est que chaque mutation doit devenir dominante et surpasser la version non mutée. Elle doit se fixer dans toute l'espèce. À quelle vitesse cela peut-il se produire ? Vous devez aussi prendre en compte ce temps.

Richard Dawkins aime parler d'une image d'une longue chaîne de personnes se tenant par la main remontant dans le temps – il pense essentiellement à la mutation, à la version mutée du gène. Mais avant qu'une forme puisse devenir dominante, cela va prendre longtemps, et plus la taille de la population est grande, plus le processus prend de temps.

Et les mathématiques sont très claires que cela prend beaucoup trop de temps pour la quantité de temps disponible.

Chapitre 4
La Genèse de MITTENS

Une théorie satisfaisante de la sélection naturelle doit être quantitative. Pour établir l'idée que la sélection naturelle est capable de rendre compte des faits connus de l'évolution, nous devons montrer non seulement qu'elle peut faire changer une espèce, mais qu'elle peut la faire changer à un rythme qui rendra compte des transmutations présentes et passées.

– J.B.S. Haldane, The Causes of Evolution, 1932

Il y a quelques années, j'assistais à la cérémonie de remise des diplômes de mon fils, au sein d'un cursus d'excellence dans une université suisse. Il s'agissait d'une promotion des plus restreintes : huit étudiants seulement – issue du programme de mathématiques le plus élitiste de la Confédération. Un cursus de six ans nommé d'après le mathématicien suisse Leonhard Euler, le programme est d'une difficulté redoutable et seul un tiers environ des étudiants qui s'y engagent parviennent à le terminer.

Le cursus était une affaire très sérieuse. Lors d'un événement social organisé pour les parents d'étudiants, j'ai eu la surprise de croiser non pas un, mais deux lauréats de la Médaille Fields. C'était comme aller à une vente de gâteaux d'une association de parents d'élèves et croiser deux lauréats du Prix Nobel, sauf que la Médaille Fields relève d'une sphère autrement plus raréfiée.

Les mathématiques impliquaient le genre d'équations compliquées qui s'étalent sur plusieurs pages et ressemblent davantage à du sanscrit mêlé d'idéogrammes chinois qu'à des nombres, et si vous pensez qu'aider votre enfant avec ses devoirs de Common Core est difficile, eh bien, disons simplement que je n'apportais guère plus qu'un soutien moral quand il s'agissait de ce genre de folie. J'étais, tout naturellement, fier de mon fils d'avoir survécu à cet épuisant chemin de croix intellectuel et d'avoir obtenu son diplôme du cursus, même si ce fut une victoire de justesse que son professeur compara à la description par Wellington de Waterloo.

Un jour pendant sa cinquième année dans le cursus, alors que la plupart des étudiants moins capables et moins déterminés avaient déjà abandonné, mon fils fit une observation intéressante en décrivant la différence entre lui et trois des étudiants les plus performants de la classe. Il compara les mathématiques à une montagne métaphorique, qui a un chemin clairement balisé par des poteaux qui serpente d'avant en arrière en remontant vers le sommet. Il dit que lui et les quatre autres survivants étaient comme des grimpeurs qui suivaient le chemin, progressant graduellement vers la solution correcte dans un processus laborieux qui prenait une quantité considérable de temps.

Il y avait également deux de ce qu'il appelait des « esprits mathématiques » dans le cursus, deux jeunes hommes qui avaient une compréhension instinctive des concepts impliqués, et qui parvenaient à saisir rapidement plus ou moins ce que la solution devrait être et donc de sauter un certain nombre des étapes requises pour la résoudre. Il les décrivit comme des grimpeurs qui n'avaient pas besoin des panneaux, ignoraient le chemin, et grimpaient simplement tout droit vers le sommet.

Et puis il y avait le seul véritable génie des mathématiques, qui survolait la pente muni de son jetpack en se demandant pourquoi tout le monde mettait si longtemps. Alors que les autres passaient toute la semaine entre les cours à travailler pendant des heures chaque jour sur leurs devoirs, il arrivait sur le campus une heure ou deux avant le début du cours, griffonnait rapidement ses réponses et obtenait un score parfait. Il regardait simplement un problème, connaissait la bonne réponse, et travaillait ensuite à rebours pour fournir la preuve complète.

Cela pourrait vous étonner d'apprendre qu'il était l'un des enfants les plus normaux du cursus. Mais quand il s'agissait des mathématiques, il était proprement sidérant.

Si je partage cette analogie, c'est pour expliquer que bien que je n'aie pas un esprit mathématique, j'ai ce que l'on pourrait qualifier d'intellect probabiliste holistique, ce qui diffère considérablement de l'esprit binaire bien plus courant. C'est une façon de penser qui n'est pas simplement naturellement hors des sentiers battus, mais qui tend à ne pas être consciente qu'il y a des sentiers, ou à distinguer entre ce qui est sur le sentier et ce qui ne l'est pas. C'est presque une exigence nécessaire pour les concepteurs de jeux, parce que nous devons anticiper correctement chaque avenue possible que les joueurs les plus créatifs et les plus fous du monde vont insister pour explorer, et soit les devancer, soit leur fournir une expérience suffisamment divertissante le long de leur chemin choisi.

C'est ainsi que nous avons intégré une option de suicide dans *Rebel Moon Rising*, l'un des derniers shooters 2.5D de l'époque. Parce que certains joueurs aimaient explorer la zone autour des bases lunaires plutôt que de combattre les ennemis et de terminer le niveau, ils se retrouvaient parfois à tomber dans des canyons trop peu profonds pour les tuer mais trop profonds pour en sortir en sautant. Plutôt que de les laisser coincés, ou de ruiner l'équilibre du jeu en ajustant la gravité ou la force de saut du joueur, ou de perdre des semaines à faire retravailler le terrain par les artistes, j'ai demandé aux programmeurs de permettre au joueur d'ouvrir son casque et de mourir instantanément, afin qu'il puisse facilement retourner à son dernier point de sauvegarde.

Intégrer le suicide dans un jeu passerait probablement mal aujourd'hui, mais c'était le milieu des années 90. Personne ne s'est ému. La presse spécialisée a considéré cela comme une solution pratique et élégante à un problème de gameplay, ce qui est exactement ce que c'était.

Une chose similaire s'est produite quand j'étais l'un des 25 PDG invités à un lancement pré-sortie à Santa Clara pour les extensions MultiMedia d'Intel. Je détonnais quelque peu, étant le seul PDG vêtu d'un jean déchiré et une veste en cuir avec un dragon géant aérographié dans le dos au lieu d'un costume. J'étais assis entre le PDG de Viacom et celui d'une grande entreprise technologique dont je ne me souviens plus le nom quand Andy Grove annonça fièrement que le slogan marketing pour leur série de processeurs MMX allait être « On the Net, Off the Net ». Tout le monde a applaudi poliment, sauf moi. Je ne comprenais tout simplement pas.

Alors j'ai levé la main. « Comment la vitesse du processeur d'une machine accélère-t-elle le trafic bidirectionnel vers un serveur situé ailleurs ? » ai-je demandé, véritablement perplexe. « Je ne vois pas comment le CPU augmente la bande passante. »

Andy Grove était un homme d'une grande intelligence. Il saisit immédiatement la portée de ma question, et a fait signe au VP Marketing pour une rapide conférence privée. C'était aussi un homme très résolu, car il est revenu au podium de la petite scène moins de 90 secondes plus tard et a annoncé : « En réponse à votre question, jeune homme, ce n'est pas le cas. Nous allons trouver un slogan marketing différent. »

Ce qui s'est avéré être « Intel Inside ». Cela, avec la reconnaissance vocale dans les matchs à mort multijoueurs et les missions d'escorte dans les shooters, fut ma contribution à l'industrie du jeu vidéo de l'ère MS-DOS.

Ce que ce mode de pensée neurodivergent implique généralement en pratique, c'est que quand je vois une collection de nombres liés, ou un modèle essayant de simplifier et de quantifier un concept, je perçois immédiatement quand quelque chose cloche, ou quelque chose qui manque, ou une caractéristique anomale qui a été accidentellement omise. Ce n'est pas tout à fait la même chose que la façon dont le génie des mathématiques sait ce que devrait être la bonne réponse, parce que je ne sais pas quelle est la bonne réponse, je sais simplement que la réponse fournie n'est pas la bonne. Je dois accomplir le travail pour identifier l'élément manquant, mais avant de commencer, je sais déjà que quelque chose manque.

Ironiquement, la même chose s'est produite trois fois au cours de l'écriture de ce livre, ce qui explique comment Athos et moi avons fini par écrire pas moins de six articles scientifiques dans son sillage.

Et c'est exactement ce qui s'est passé quand j'ai lu un article sur la cartographie du génome humain qui mentionnait la différence entre les génomes humain et chimpanzé et combien d'années s'étaient écoulées depuis la séparation des deux lignées. J'ai immédiatement pensé : attendez, cela n'a aucun sens !

Je soupçonne que mon attention était déjà quelque peu attirée par la question des taux évolutifs en raison de la façon inexplicable dont les biologistes continuaient de réagir à ce qui me semblait être une question évidente et nécessaire : quel est le taux moyen d'évolution ? Mais quoi qu'il en soit, l'anomalie dans les chiffres me sauta aux yeux immédiatement.

Dans l'intérêt de la transparence totale, et pour le registre historique, je vais poster les données que j'ai initialement consignées sur mon blog après avoir cherché une étude qui me donnerait le taux moyen le plus rapide de mutations fixées à travers une population. J'ai trouvé le nombre que je cherchais dans une étude de la bactérie *E. coli* qui fut publiée dans *Nature* en 2009.

Bactéries

Années : 3 800 000 000

Années par génération : 0,000071347 (37,5 minutes par génération)

Générations par mutation fixée : 1 600

Années par mutation fixée : 0,114

Maximum de mutations fixées : 33 288 000 916

Source : Le séquençage de 19 génomes entiers a détecté 25 mutations qui ont été fixées dans les 40 000 générations de l'expérience. *NATURE*, 2009

NOTE : Ces 25 mutations ont été fixées en parallèle. Les 1 600 générations par mutation fixée représentent un taux moyen.

Mammifères

Années : 200 000 000

Années par génération : 4,3

Générations par mutation fixée : 1 600

Années par mutation fixée : 6 880

Maximum de mutations fixées : 29 070

NOTE : le nombre du bas représente le nombre maximum de mutations fixées du *Morganucodontidé* à *Homo sapiens sapiens*.

DACH

Années : 9 000 000

Années par génération : 20

Générations par mutation fixée : 1 600

Années par mutation fixée : 32 000

Maximum de mutations fixées : 125

NOTE : les 9 millions d'années représentent une estimation généreuse pour le Dernier Ancêtre Commun Chimpanzé-Humain, estimation qui a varié de 4 millions d'années sur la base de l'horloge moléculaire à 25 millions d'années. Le consensus scientifique actuel est de 6–7 millions d'années, ce que nous avons nécessairement dû utiliser dans l'article soumis à *Nature*. Mais pour les besoins de ce livre, nous avons retenu 9 millions d'années.

Maintenant, le problème évident ici est que, que nous regardions un saut génétique significatif entre *Morganucodon*, un genre précoce de mammaliaforme qui est apparu il y a environ 205 millions d'années, et l'humanité, ou un bien plus petit entre le point de divergence le plus récent entre *Pan troglodytes* et *Homo sapiens sapiens*, il n'y a tout simplement pas assez de temps pour que les mutations nécessaires se produisent et se propagent dans toute l'espèce requise pour expliquer le nombre de fixations mutationnelles observées.

En fait, j'ai incorrectement supposé jusqu'à très récemment que les espèces à courte durée de vie comme *Drosophila*, la mouche du vinaigre si chère aux scientifiques de laboratoire, passeraient le test MITTENS. Mais, comme le montrent les preuves empiriques, ce ne sont pas seulement les mammifères à longue durée de vie pour lesquels l'évolution par sélection naturelle est exclue par les chiffres.

L'objection courante qui surgit inévitablement à ce stade est que je fais une erreur en supposant que chacune de ces mutations a lieu une à la fois de manière linéaire, alors que ce n'est évidemment pas le cas puisqu'un certain nombre des diverses mutations se propagent à travers l'espèce, chacune à son propre rythme, en même temps. Cependant, l'objection est à la fois hors de propos et erronée, parce que le taux de fixation mutationnelle que j'utilise est un taux moyen qui inclut déjà la fixation parallèle parce que les 25 mutations qui ont été fixées dans les 40 000 générations de l'expérience *E. coli* n'ont pas été fixées de manière linéaire, elles ont été fixées en parallèle.

Aussi, le Problème de la Moyenne. Aussi, la Barrière de Bernoulli. Mais nous y reviendrons plus tard.

Le fait est que, que nous ayons affaire au taux relativement rapide de 6 880 ans par mutation fixée chez un petit mammifère de la fin de la période du Trias ou au taux plus tranquille de 32 000 ans par mutation fixée d'une espèce ancêtre très étroitement apparentée, le taux d'évolution par sélection naturelle n'est pas assez rapide pour expliquer les deltas génétiques que nous pouvons actuellement observer en comparant les différents génomes.

Ou, pour le dire plus directement, on nous dit qu'il y a eu 450 000 générations humaines depuis le DACH. Basé sur le taux le plus rapide auquel les mutations ont été observées se fixant en parallèle, mesuré en générations de laboratoire, cela permettrait 281 mutations fixées totales dans ce laps de temps. Ce qui n'est qu'à 19 999 719 du nombre approximatif observé.

Les mathématiques ne sont pas difficiles.

450 000 générations divisées par 1 600 générations par mutation égale 281,25 mutations fixées totales.

Et 281 est inférieur aux 20 000 000 requis.

Beaucoup moins.

Voilà donc, en résumé, l'Impossibilité Mathématique de la Théorie de l'Évolution par Sélection Naturelle, ou, si comme un bon scientifique vous préférez les acronymes chers au jargon, MITTENS.

Chapitre 5
Le Débat Gariépy

Se demander si la sélection naturelle s'applique davantage aux mèmes ou aux gènes, ou davantage à l'ADN ou à l'ARN, pourrait être comme juger lequel des deux partenaires d'un tango est le meilleur danseur. Il pourrait ne pas y avoir de bonne réponse.

– J.F. Gariépy, The Revolutionary Phenotype (2018)

Jean-François Gariépy est un ancien neuroscientifique de l'Université Duke et l'auteur de *The Revolutionary Phenotype*, une contribution authentiquement originale à la théorie évolutive. Son livre avance que l'ADN lui-même devrait être appréhendé comme une forme de vie qui a « pris le contrôle » d'un monde antérieur basé sur l'ARN, une perspective nouvelle qui reconfigure la relation entre les gènes et les organismes qui les portent. Là où Dawkins parlait de « gènes égoïstes », Gariépy pousse le raisonnement plus loin, soutenant que l'ADN n'est pas simplement égoïste mais véritablement vivant, et utilisant les corps physiques comme véhicules pour sa propre propagation.

C'est l'ouvrage de Gariépy qui m'a initialement incité à réfléchir sérieusement aux mathématiques de l'évolution. Son affirmation selon laquelle on pouvait « extrapoler ce principe sur des millions ou des milliards de générations » pour comprendre comment une bactérie pouvait évoluer en oiseau m'est apparu comme exactement le genre d'assertion qui devrait être mathématiquement vérifiable. Si la sélection naturelle obéit à des principes fixes sur de vastes échelles de temps, alors ces principes devraient être quantifiables, et les quantités devraient tenir dans le temps disponible.

Et en tant qu'économiste et concepteur de jeux, la pensée de travailler en millions, milliards, ou même billions ne m'intimidait nullement. Je ne suis pas astrophysicien, mais j'ai une fois écrit une analyse sur la mobilité du travail qui démontrait l'effet sur la population américaine si le modèle de libre circulation des personnes entre les États des 50 dernières années était appliqué à l'échelle internationale, donc je suis habitué à travailler avec des mathématiques de base à une échelle similaire.

Ce qui suit est une transcription révisée de notre débat, mené moins de deux semaines après ma première formulation de MITTENS avec un post public en 2019. L'échange illustre tant les forces que les limitations de ma première formulation, et révèle comment même un défenseur sophistiqué du néo-darwinisme peine à aborder le problème mathématique central. Gariépy est intelligent, bien informé, et il s'est véritablement engagé avec l'argument, ce qui rend son incapacité à l'appréhender d'autant plus significative.

Il convient de noter que j'ai actualisé les faits et mathématiques pertinents depuis ce débat, mais les chiffres présentés ici sont exactement ce qui a été discuté il y a six ans.

Le débat

VD :

Ce que je soutiens, c'est l'idée que la Sélection Naturelle n'est pas seulement statistiquement improbable, mais qu'elle est statistiquement impossible en raison de la façon dont elle est directement contredite par les preuves génétiques pertinentes. Je dois souligner que je suis économiste de formation, pas biologiste, et donc je devrai poser à JF quelques questions sur certains de ces points. J'admets volontiers qu'il est possible que quelque chose m'échappe, quelque chose que je ne comprends pas, et que cela tendrait à détruire mon argument. Mais je n'ai aucun moyen de le détruire moi-même.

JF :

À mes yeux, la Théorie de la Sélection Naturelle est une vérité mathématique. C'est une vérité qui s'applique à tout ce qui fait des copies imparfaites de lui-même.

VD :

C'est spécifiquement l'aspect mathématique de la théorie que je traite. Je vais commencer par citer un auteur, un biologiste, l'auteur de The Revolutionary Phenotype : « La Sélection Naturelle est le mécanisme par lequel les phénotypes, à travers les générations, deviennent de plus en plus serviles aux réplicateurs. Si vous extrapolez ce principe sur des millions ou des milliards de générations, vous pouvez comprendre pourquoi une bactérie pourrait progressivement évoluer en oiseau. » C'est ce qui m'a amené à réfléchir, parce que c'est ce qui m'a fait regarder cela du contexte d'un économiste.

Acceptez-vous la légitimité des mathématiques en tant que fondement fiable pour un argument logique ? Acceptez-vous en principe le concept d'impossibilité mathématique comme la règle des Cinq Sigma ?

JF :

Les preuves mathématiques sont valides pour moi. La seule question lorsque vous les appliquez aux questions empiriques est de savoir si vous faites correctement la correspondance.

VD :

Quelle estimation jugez-vous raisonnable pour un nombre moyen de générations par mutation fixée ? Par mutation fixée, je veux dire une mutation qui a réussi à se propager à travers l'espèce au point qu'elle est devenue établie de manière permanente à cent pour cent de fréquence dans la population.

JF :

Cette question comporte deux composantes. La première concerne l'apparition de la mutation – pour qu'une seule lettre d'ADN mute dans un eucaryote, cela se produit 0,000000004 fois par génération. Maintenant, si cela se propagera à travers la population, il y a une gamme de réponses qui dépendent de l'aptitude de ce changement. Cela va de la disparition de la population si c'est inapte, au gain lent si c'est neutre, à la domination complète de la population en trois ou quatre générations si c'est extrêmement plus apte.

VD :

Combien de mutations fixées estimeriez-vous séparent les humains de l'ancêtre commun partagé avec les chimpanzés ? Le Projet du Génome du Chimpanzé catalogue trente-cinq millions de changements de nucléotides simples et cinq millions d'événements d'insertion/délétion.

JF :

Je ne suis pas spécialiste de cela, mais les chiffres que vous venez de citer me semblent réalistes.

VD :

Les humains et les chimpanzés ont tous deux environ trois milliards de paires de bases, et on nous dit qu'ils sont identiques à 98 %. Donc cela impliquerait soixante millions de paires de bases différentes, ce qui signifie que chaque lignée a environ trente millions de mutations depuis l'ancêtre commun.

JF :

Oui, c'est assurément dans la fourchette à laquelle je m'attends.

VD :

Dans *Nature*, une étude a été publiée en 2009 où ils ont séquencé dix-neuf génomes entiers et détecté vingt-cinq mutations qui ont été fixées en quarante mille générations. Cela indique seize cents générations par mutation fixée. Maintenant, si nous appliquons cela aux mammifères – 200 millions d'années, 4,3 ans par génération en moyenne sur 5 427 espèces existantes, et 1 600 générations par mutation fixée – cela signifierait 6 880 ans par mutation fixée, ce qui laisse un total de 29 070 mutations entre le tout premier mammifère et *homo sapiens*.

JF :

Je reste en désaccord avec la prémisse. Je pense que le modèle que vous avez élaboré y est presque, simplement, vous ne pouvez pas utiliser les mutations fixées. C'est une erreur de croire qu'il faille que chaque mutation soit fixée. Chaque mutation doit arriver.

VD :

Je conviens qu'il doit être amélioré. La prochaine question évidente est combien de mutations peuvent être en train de se fixer simultanément en même temps. Mais permettez-moi de poursuivre pour montrer où résidera le problème central. Je pense que 1 600 générations par mutation pour les mammifères est excessif. Si nous utilisons des études sur la levure montrant soixante-quinze générations pour fixer une mutation, cela permet 620 155 mutations. Les résultats s'améliorent encore si vous utilisez l'approche de la population minimale viable – cela permettrait 2,96 millions de mutations fixées entre le premier mammifère et l'homme.

Mais voici où cela devient problématique pour la sélection naturelle. Si nous regardons spécifiquement le Dernier Ancêtre Commun Chimpanzé-Humain – les estimations vont de 4 à 25 millions d'années. En prenant le cas le plus favorable : 25 millions d'années, des générations de primates de 20 ans, et le taux de population minimale viable le plus rapide de 15,7 générations par mutation fixée – cela permet 79 618 mutations. Le cas le plus défavorable : 4 millions d'années, 20 ans par génération, 1 600 générations par mutation fixée – cela ne laisse de place que pour 125 mutations entre le DACH et aujourd'hui.

JF :

Eh bien, il est temps pour moi de dissiper vos illusions, Vox. La différence entre un taux de mutation fixée et un taux de mutation – qui est ce avec quoi la plupart des scientifiques travaillent – multipliera vos chiffres par des millions, voire des milliards. Contrairement à ce que l'intuition nous suggérerait, homo sapiens a en fait un taux de mutation par site par génération très élevé.

La raison pour laquelle vous devez multiplier ces chiffres, et ne pas penser en termes d'événements fixés, est que votre population entière n'a pas à se conformer les uns aux autres. Rien dans la Sélection Naturelle n'impose à votre population une quelconque homogénéité. Tout le monde développe des mutations en même temps, en parallèle. C'est l'un des pouvoirs de la Sélection Naturelle – vous n'avez pas besoin que toute la population atteigne un plancher après lequel la prochaine mutation peut arriver. Toutes ces mutations se produisent sur tout l'ADN, et nous les voyons se produire.

VD :

Je comprends cela, mais pour parvenir au point où tous possèdent ces caractéristiques qui dépendent de ces changements génétiques spécifiques – tous les gènes n'ont pas besoin d'être fixés, mais si nous avons tous le même œil, alors tous les gènes liés à cela doivent avoir été fixés à un moment donné. Correct ?

JF :

En fait, nous n'avons pas le même œil, et c'est là le problème. Nous n'avons pas les mêmes cheveux, nous n'avons pas la même intelligence. Certains d'entre nous ressemblent davantage à des chimpanzés, vous savez ?

VD :

Mais les chimpanzés n'ont aucun de ces 2 pour cent de gènes qui sont différents, correct ?

JF :

Eh bien, si vous preniez un groupe d'humains sur un gène spécifique, certains d'entre eux seraient en fait plus proches des chimpanzés que d'autres.

VD :

Nous ne parlons pas du problème des mutations mais du problème de la propagation mutationnelle à travers la population requise pour la spéciation. Une fois que nous regardons la mesure de la quantité de traitement parallèle qui a lieu et que nous la comparons à la propagation, alors nous avons la capacité de la comparer à ce que nous observons réellement. Soit nous pouvons voir assez de cela se produire pour que nous puissions le prédire et l'utiliser comme modèle prédictif, soit le processus nécessite simplement trop de temps, plus de temps que ce qui nous est permis par notre compréhension actuelle.

JF :

Le problème majeur de la spéciation est que les espèces ne constituent pas une catégorie naturelle. Un changement d'espèce pourrait résulter d'une seule mutation. Vous n'avez pas besoin de toutes les mutations qui rendent les espèces différentes pour qu'elles ne puissent pas se reproduire. Vous avez juste besoin d'une mutation qui rend leurs organes sexuels incompatibles, ou leur système de phéromones contradictoire.

J'ai un cadeau pour vous aujourd'hui – mon programme, je l'ai appelé *Voxolution*. C'est un programme évolutif qui formule ces questions correctement, avec la fréquence par site de mutation. J'ai pris deux spécimens – une séquence d'une bactérie et une séquence d'un eucaryote qui apparaît probablement un milliard d'années plus tard – et j'ai demandé, quel est le moyen le plus rapide de passer de cette séquence à cette séquence ? La réponse est que la chaîne minimale de mutations nécessaires pourrait se produire en 35 millions d'années. Donc nous avons largement de la place.

VD :

C'est exactement ce que je m'attendais à voir. Je voulais savoir quel est le nombre le plus rapide de générations que ces choses peuvent prendre. Mais quand vous regardez le nombre de générations impliquées, surtout en ce qui concerne le chimpanzé, l'horloge du temps devient de plus en plus serrée. Si nous sommes capables de faire ce niveau de changement en 4 à 25 millions d'années, alors nous devrions être capables de développer de meilleurs modèles prédictifs basés sur la Sélection Naturelle que ceux que nous avons actuellement.

JF :

La différence fondamentale entre nos deux modèles est que le mien permet l'évolution parallèle de différents gènes, alors que le vôtre fait en quelque sorte une étape – vous attendez que la mutation soit fixée et puis vous avez besoin d'une autre étape. Il semble que ce soit un modèle que vous auriez développé dans le dessein d'attaquer la Sélection Naturelle, parce que le modèle général avec lequel les scientifiques travaillent est : il y a une petite mutation, elle gagne toute la population, et puis elle mène à un plancher sur lequel d'autres mutations peuvent construire. C'est comme cela que les gens l'expriment aux enfants de l'école primaire, mais ce n'est pas nécessairement comme cela que ça se passe. Ce qui se passe est un développement parallèle massif.

VD :

Je comprends que vous êtes très convaincu qu'il est possible que le niveau de traitement parallèle permette cette propagation très rapide qui est nécessaire pour tenir dans les délais. Je demeure un peu plus sceptique.

Une analyse post-débat

En relisant cet échange avec le recul de six années, je constate que JF a commis une erreur fondamentale que je n'étais pas, à l'époque, en mesure d'exploiter pleinement. Son contre-argument central sur le fait que les mutations peuvent se produire « en parallèle » et donc réfuter ma critique basée sur la fixation est incorrect. En fait, il concède précisément le point qu'il prétend réfuter.

Le problème est le suivant : la mutation parallèle n'équivaut pas à la fixation parallèle. Oui, des mutations se produisent constamment à travers le génome chez chaque individu qui naît ; environ 50 nouvelles mutations apparaissent chez chaque être humain à la naissance. Oui, différentes mutations se produisent chez différents individus simultanément. Mais cela ne contribue en rien à accélérer le taux auquel une mutation particulière se propage à travers toute la population. Quand je l'ai pressé sur ce point et souligné que si tous les humains partagent certaines caractéristiques, les gènes codant pour ces caractéristiques doivent avoir atteint la fixation, il s'est réfugié dans l'affirmation absurde selon laquelle « nous n'avons pas le même œil ».

Nous avons assurément le même œil. Chaque être humain sur Terre a un œil de type caméra avec une cornée, un cristallin, un iris, une rétine et un nerf optique. Les variations mineures de couleur des yeux ou d'acuité visuelle sont des polymorphismes superficiels ; l'architecture fondamentale est fixée au sein de l'espèce. JF le sait pertinemment, c'est pourquoi sa réponse était évasive plutôt que substantielle. Il est passé de l'argument selon lequel le traitement parallèle résout le problème de temps à la suggestion que la fixation n'est pas vraiment nécessaire – une affirmation tout à fait différente qui, si elle s'avérait vraie, renverserait le modèle néo-darwinien qu'il défendait ostensiblement.

Son programme *Voxolution* constituait un joli geste rhétorique, mais demeurait également hors de propos, bien que je n'aie pas pleinement compris pourquoi à l'époque. Le programme calculait le nombre minimum de mutations nécessaires pour transformer une séquence génétique en une autre. C'était une question portant sur l'occurrence de mutation, non sur la fixation mutationnelle. C'est une différence considérable entre demander « combien de changements doivent se produire ? » et « combien de temps faut-il pour que chaque changement devienne universel ? » Le programme répondait à la première question alors que je posais la seconde.

Que JF ait sincèrement cru qu'il s'agissait d'une réponse substantielle et pertinente indique que lui, comme la plupart des biologistes, n'a tout simplement jamais réfléchi attentivement aux mathématiques au niveau de la population du changement génétique.

Son affirmation selon laquelle « un changement d'espèce pourrait résulter d'une seule mutation » est théoriquement vraie mais s'avère également hors de propos. Les barrières de spéciation ne constituent pas le problème ; le problème est comment quarante millions de différences génétiques peuvent s'accumuler dans deux populations sur neuf millions d'années. Même si la spéciation ne nécessite qu'une seule mutation, la divergence génétique observée entre les humains et les chimpanzés en a nécessité quarante millions pour atteindre la fixation dans les deux lignées.

JF n'a jamais répondu à cela. Il ne le pouvait pas, parce que, comme il s'avère, il n'y a pas de bonne réponse.

En relisant ce débat six ans plus tard, il semble que je me sentais plutôt hésitant à propos de mon argument. Il y a une bonne raison à cela. Ce débat a eu lieu moins de deux semaines après que j'aie articulé MITTENS pour la première fois, et mon incertitude était authentique. Je ne savais vraiment pas si quelque chose d'évident m'échappait. Mais l'humilité épistémique excessive peut constituer sa propre forme d'erreur. Même si j'avais l'argument beaucoup plus fort, j'ai manqué de pousser mon avantage quand les réponses de JF m'ont clairement montré qu'il n'avait en fait pas de réponse au problème central que je présentais.

Quand il a affirmé que la mutation parallèle résout le problème de temps, j'aurais dû immédiatement exiger des précisions : « Montrez-moi les calculs. Si trente millions de mutations doivent atteindre la fixation en 450 000 générations, et que le taux de fixation le plus rapide observé est d'environ 1 600 générations par mutation sous pression sélective extrême, comment le traitement parallèle comble-t-il cet écart ? Donnez-moi des chiffres, ne vous contentez pas d'agiter les mains. »

Au lieu de cela, j'ai pris ses assertions pour argent comptant et je suis passé à autre chose. Ce qui était bien à l'époque, puisque j'étais plus intéressé à apprendre de lui et à découvrir s'il y avait des trous évidents dans l'argument qui commençait à prendre forme que je ne l'étais à gagner le débat.

J'ai également commis une erreur tactique en présentant à JF trois taux de fixation différents. Bien que je pensais être exhaustif, cela a en fait brouillé un peu les eaux. Cela a permis à JF de se concentrer sur la remise en cause de ma méthodologie plutôt que de confronter les implications d'un nombre particulier. Dans les présentations ultérieures de MITTENS, j'ai appris à m'appuyer sur un seul taux bien documenté – l'étude de *Nature* de 2009 – et à laisser les critiques proposer des alternatives. La charge de la preuve incombe à bon droit à ceux qui affirment que les mammifères peuvent fixer des mutations plus rapidement que les bactéries de laboratoire dans des conditions optimisées.

Et, comme je l'ai appris depuis, il ne coûte rien de laisser les évolutionnistes choisir leur poison. Quel que soit l'exemple qu'ils choisissent, il sera fatal à leurs arguments. Il en va de même avec les délais estimés depuis le Dernier Ancêtre Commun Chimpanzé-Humain, qui changent de toute façon tous les quelques années. Au moment de la rédaction, 6–7 millions d'années est le consensus scientifique actuel.

Mon plus grand échec a été de ne pas reconnaître que JF avait effectivement concédé l'argument à un moment particulier. Quand il a dit que mon modèle était un « que vous auriez développé dans le but d'attaquer la Sélection Naturelle », il admettait que la principale faiblesse du modèle néo-darwinien standard de l'évolution est la contrainte de temps que j'avais identifiée. Son alternative, le « développement parallèle massif », n'est pas un raffinement du néo-darwinisme ; c'est un abandon de celui-ci en faveur d'un mécanisme vaguement spécifié qu'il n'a pas été capable de quantifier alors, n'a pas quantifié depuis, et, comme la Barrière de Bernoulli l'a par la suite prouvé, ne sera jamais capable de quantifier.

Le débat s'est terminé de manière non concluante. JF était fatigué, sa voix faiblissait, et j'étais encore assez incertain pour accepter « revoyons cela plus tard » comme un résultat raisonnable. Nous ne l'avons jamais revu – peut-être parce que, ayant vu ce que les mathématiques montrent réellement, il préférait ne pas le faire. Je ne lui en veux pas. Personne n'aime défendre l'indéfendable, et JF est trop intelligent pour ne pas avoir réalisé, après réflexion, que sa réponse du « traitement parallèle » était de la fumée plutôt que de la substance.

Mais ce débat précoce a été extrêmement éducatif. Ce qu'il m'a appris est que l'impossibilité mathématique du néo-darwinisme n'est pas une question de dispute sérieuse parmi ceux qui comprennent les chiffres. C'est plutôt une question d'*évitement* sérieux de la part de ceux qui devraient savoir mieux. Les biologistes ne soutiennent pas qu'il y a assez de temps pour que la sélection naturelle produise les fixations requises ; au lieu de cela, ils soutiennent que la fixation n'est pas le bon cadre, ou que le traitement parallèle change tout, ou que la spéciation ne nécessite pas ce qu'elle nécessite évidemment, ou que la science a évolué vers la théorie Neutre. Ils feront tout et n'importe quoi pour éviter de confronter directement les mathématiques de la sélection naturelle.

JF est plus intelligent et plus honnête que la plupart des biologistes évolutionnistes, et même lui n'a pas pu faire mieux que ses prédécesseurs au symposium Wistar 50 ans auparavant.

Chapitre 6
Le Symposium Wistar de 1966

L'adaptation est le résultat de la sélection naturelle, et de la sélection naturelle seule.

– Ernst Mayr, *Animal Species and Evolution*, 1963

Durant l'été 1965, lors de deux pique-niques dominicaux à Genève, quatre mathématiciens acculèrent deux biologistes et refusèrent de les laisser savourer leurs boissons en paix. Les mathématiciens – Murray Eden, Marcel Schützenberger, Victor Weisskopf et Stanislaw Ulam – débattaient de ce qu'ils considéraient comme de sérieux problèmes avec la théorie darwinienne de l'évolution. Les biologistes – Martin Kaplan et Hilary Koprowski – se trouvèrent dans l'incapacité de répondre aux objections soulevées. Après plusieurs heures de ce que Kaplan qualifierait plus tard de « débat enflammé », le contingent biologique proposa une forme de trêve : un symposium formel où les défis mathématiques pourraient être présentés systématiquement, et où un ensemble plus puissant de biologistes pourrait être assemblé pour répondre aux mathématiciens.

Ce symposium se réunit les 25 et 26 avril 1966, à l'Institut Wistar d'Anatomie et de Biologie à Philadelphie. Les actes furent publiés l'année suivante sous le nom de Monographie de Symposium Numéro 5, sous le titre *Mathematical Challenges to the Neo-Darwinian Interpretation of Evolution*. Kaplan, écrivant la préface, n'était pas optimiste quant au résultat : « Je soupçonne qu'au lieu d'un accord pacifique nous assisterons au parallèle d'autres conférences de paix actuellement en cours en Suisse. »

Il avait raison d'être pessimiste. Les biologistes ne surent répondre aux mathématiciens. Ils ne le pouvaient pas. Ce qui confère au symposium Wistar son importance historique n'est pas d'avoir résolu le débat, mais d'avoir documenté l'incapacité des évolutionnistes professionnels à répondre avec succès aux défis mathématiques à la théorie néo-darwinienne en réunissant des participants dont les références ne pouvaient être récusées.

Le président était Sir Peter Medawar, directeur de l'Institut National de Recherche Médicale à Londres, qui recevrait le Prix Nobel de physiologie ou médecine quatre ans plus tard pour son travail sur la tolérance immunologique acquise. Medawar n'était pas un arbitre impartial ; dans son allocution d'ouverture, il reconnut qu'« un sentiment de mécontentement assez répandu » envers la théorie néo-darwinienne avait motivé la conférence. Il nota que les objections étaient venues de trois directions : religieuse, philosophique et scientifique.

L'objection religieuse selon laquelle l'évolution « se produit sans intervention divine », il l'écarta. L'objection philosophique, articulée par Karl Popper, était que le néo-darwinisme « a le défaut méthodologique d'expliquer trop », en faisant une tautologie qui rendait difficile d'imaginer un épisode évolutif qui ne pourrait être expliqué d'une manière ou d'une autre. Mais c'était l'objection scientifique qui le préoccupait principalement.

« Il y a des objections faites par des collègues scientifiques qui estiment que, dans la théorie actuelle, quelque chose manque. »

Les mathématiciens qui allaient mettre en évidence ce qui manquait n'étaient pas des figures marginales dans leurs domaines respectifs. Murray Eden était professeur d'électrotechnique au MIT. Stanislaw Ulam occupait un poste de recherche aux Laboratoires Scientifiques de Los Alamos, où il avait co-conçu la bombe à hydrogène avec Edward Teller et apporté des contributions fondamentales à la méthode de Monte Carlo, aux automates cellulaires et à la biologie mathématique. Marcel Schützenberger était professeur à l'Université de Paris qui avait fait un travail pionnier en combinatoire, en théorie des langages formels et en mathématiques de la génétique. C'étaient des hommes d'une grande intelligence qui comprenaient la probabilité, le calcul et le comportement des systèmes complexes. Ils étaient pleinement capables de démontrer leur maîtrise de toutes les mathématiques impliquées, comme ils le démontreraient lors du symposium.

Du côté biologique, l'Institut Wistar réunit un talent tout aussi formidable. Ernst Mayr, du Musée de Zoologie Comparée de Harvard, était peut-être le biologiste évolutionniste le plus influent du vingtième siècle, l'architecte de la Synthèse Moderne, aussi connue sous le nom de synthèse néo-darwinienne, qui unissait la sélection darwinienne à la génétique mendélienne. Richard Lewontin, alors à l'Université de Chicago, était un généticien des populations éminent qui deviendrait plus tard célèbre pour son travail sur la diversité génétique. George Wald, également de Harvard, gagnerait le Prix Nobel l'année suivante pour son travail sur la biochimie de la vision. C.H. Waddington, de l'Université d'Édimbourg, était un biologiste du développement qui avait inventé le terme « épigénétique ». Ce n'étaient pas des scientifiques de second ordre amenés pour servir de punching-balls ; ils figuraient parmi les meilleurs que le domaine de la biologie évolutive avait à offrir.

La conférence présenta également Loren Eiseley, l'anthropologue et historien des sciences de l'Université de Pennsylvanie, qui prononça le discours d'introduction. Eiseley adopta un ton de prudence, invoquant l'habitude du peintre Corot de travailler dans la brume du matin plutôt que dans la clarté dure de midi : « Quand on voit les choses exposées dans une certaine clarté impitoyable, on voit peut-être trop. Le mystère et les ombres insaisissables qui font aussi partie du paysage disparaissent. » Il suggéra que le néo-darwinisme avait peut-être atteint une clarté trompeuse, que son succès explicatif pouvait même être « un peu trompeur ». Il rappela même aux participants que Darwin lui-même avait été troublé par les problèmes qu'ils étaient sur le point de discuter.

« Il avait l'habitude de dire que les complexités de l'œil humain lui donnaient des frissons froids. »

La scène était ainsi dressée pour une véritable confrontation intellectuelle. D'un côté, des mathématiciens et physiciens qui croyaient avoir identifié des défauts fatals dans les fondements probabilistes de la théorie évolutive. De l'autre, des biologistes qui avaient passé leur carrière à construire sur la théorie originelle de Darwin et à forger sa synthèse avec la génétique mendélienne. Ce qui suivit pendant les deux jours suivants révéla non pas une résolution, mais un fossé infranchissable – non pas parce que les questions étaient insolubles, mais parce que les biologistes présents étaient incapables de se mesurer aux mathématiques.

Les arguments

Le défi mathématique lancé au néo-darwinisme reposait sur un constat élémentaire : la théorie exige que des mutations aléatoires génèrent une nouveauté biologique fonctionnelle, et que la sélection naturelle préserve et propage cette nouveauté à travers une population au fil du temps. Or, l'espace des séquences génétiques possibles est inimaginablement vaste, la proportion de séquences fonctionnelles dans cet espace est infiniment réduite, et le temps disponible pour que le processus se déroule est insuffisant pour qu'une recherche aléatoire trouve ce qui doit être trouvé. Les trois principaux critiques mathématiques présents à Wistar abordèrent ce problème sous des angles différents, mais leurs conclusions convergèrent inexorablement vers la même faiblesse de la théorie néo-darwinienne.

Murray Eden ouvrit les présentations scientifiques avec un article intitulé « Inadequacies of Neo-Darwinian Evolution as a Scientific Theory ». Son raisonnement s'ouvrit par une méditation sur l'espace de toutes les protéines possibles. Une protéine typique consiste en une chaîne d'environ 250 acides aminés, tirés d'un alphabet de 20 types. Le nombre de toutes les séquences possibles combinant ces acides aminés est donc approximativement vingt élevé à la puissance deux cent cinquante, ce qui est un un suivi de 325 zéros. Je vous épargnerai le spectacle de ce nombre emplissant la page, mais considérez ceci pour vous donner une idée de l'échelle en jeu.

Le nombre total d'atomes dans l'univers observable est estimé à un un suivi de quatre-vingts zéros. L'espace des protéines possibles n'est pas seulement plus vaste que l'univers physique ; il est plus grand que l'univers par un facteur qui est lui-même plus grand que l'univers. Eden demanda : quelle partie de cet espace l'évolution a-t-elle pu réellement explorer ?

Il calcula une limite supérieure. Supposons une biosphère d'un centimètre d'épaisseur couvrant toute la Terre, remplie de cellules à une densité d'un milliard de milliards par centimètre cube, chacune contenant des protéines à une concentration d'un dix-millième, avec chaque molécule de protéine durant en moyenne une seconde, sur une durée totale de dix milliards d'années. Cela donne approximativement un un suivi de cinquante-deux zéros – dix mille billions de billions de billions de billions – de molécules de protéines qui auraient jamais pu exister. C'est une surestimation à tout point de vue raisonnable. Et pourtant, comparé à l'espace de toutes les protéines possibles, dont vous vous souvenez qu'il est un un suivi de 325 zéros, c'est effectivement nul. C'est comme un unique grain de sable comparé à l'ensemble des plages d'un milliard de milliards de mondes.

La réponse néo-darwinienne au défi d'Eden soutenait que les protéines fonctionnelles ne sont pas distribuées au hasard, et donc l'évolution ne cherche pas au hasard. L'argument est le suivant : la sélection naturelle n'est pas un processus aveugle testant des protéines au hasard. Elle est guidée. Partez d'une protéine fonctionnelle. Faites un petit changement, comme une substitution d'un seul acide aminé. Si la nouvelle protéine fonctionne mieux, elle se propage dans la population et devient le nouveau point de départ. Si elle fonctionne moins bien, elle disparaît. L'évolution se déplace ainsi à travers l'espace des séquences tel un homme traversant une rivière sur des pierres de gué : il n'a jamais besoin de savoir où sont toutes les pierres, seulement où est la prochaine pierre. Chaque pas est local. Chaque pas est testé. Et au fil du temps, ces petits pas testés peuvent le porter d'une rive à l'autre sans jamais lui demander de franchir toute la distance d'un seul coup.

L'image est élégante. Elle est également fausse, pour des raisons qu'Eden identifia sur-le-champ.

Le modèle des pierres de gué exige que les protéines fonctionnelles soient connectées par des mutations à une seule étape, ce qui signifie qu'à partir de toute protéine fonctionnelle, il existe au moins un petit changement qui produit une autre protéine fonctionnelle, et de celle-ci une autre, et ainsi de suite, formant un chemin continu à travers l'espace des séquences. Si les pierres sont trop espacées, l'homme ne peut traverser. Si la plupart des changements à une seule étape détruisent entièrement la fonction, alors l'évolution ne peut pas passer d'une protéine fonctionnelle à la suivante. Le chemin devient une impasse.

Eden examina les données. Si les protéines fonctionnelles étaient densément connectées dans l'espace des séquences – si les pierres de gué étaient proches les unes des autres – nous nous attendrions à trouver beaucoup de protéines qui diffèrent dramatiquement en séquence mais accomplissent des fonctions similaires. Au lieu de cela, nous trouvons le contraire : les protéines avec des fonctions similaires tendent à avoir des séquences similaires. Les protéines fonctionnelles existantes se regroupent dans de petites régions isolées de l'espace des séquences, séparées par de vastes étendues où rien ne fonctionne. Les pierres ne sont pas rapprochées. Ce sont des îles, dispersées au hasard, éloignées les unes des autres à travers un océan infranchissable.

Eden examina ensuite le cas spécifique de l'hémoglobine. La chaîne alpha contient 141 acides aminés et la chaîne bêta contient 146 acides aminés. Un minimum de 120 mutations ponctuelles serait nécessaire pour convertir l'alpha en bêta. Si l'évolution a procédé d'une chaîne à l'autre, ou d'un ancêtre commun aux deux, alors chaque étape le long du chemin devait être indépendamment viable. Mais le chemin requiert de traverser l'espace des séquences à travers des formes intermédiaires, et Eden calcula que même sous des hypothèses favorables sur les taux de mutation et les coefficients de sélection, le temps requis pour y parvenir excède vastement le temps disponible.

Stanislaw Ulam aborda le problème sous un angle différent, en posant exactement la même question qui m'engagea dans l'aventure de la rédaction de ce livre quinze ans plus tard, à propos du « taux d'évolution ». Sa contribution consista à formaliser les calculs de probabilité qu'Eden avait esquissés. Ulam introduisit des paramètres explicites de taille de population, temps de génération, taux de mutation, et surtout, la fréquence des mutations favorables distincte des mutations générales. Puisque la plupart des mutations sont neutres ou négatives, le sous-ensemble qui confère un avantage sélectionnable est très petit. Ulam travailla l'arithmétique de l'amélioration séquentielle : si un organisme requiert une série de mutations, chacune devant apparaître et être fixée à travers l'espèce avant que la suivante puisse être utile, combien de générations sont requises pour compléter la série ?

Le lecteur avisé observera que c'est exactement la même question qui m'est indépendamment venue à l'esprit en lisant l'article sur le Dernier Ancêtre Commun Chimpanzé-Humain en 2019.

La réponse d'Ulam s'avérait extrêmement décourageante pour le néo-darwinisme. Même en concédant des hypothèses généreuses de grandes populations, de courts temps de génération et de hauts taux de mutation, le nombre de générations requises pour des améliorations séquentielles excède rapidement le nombre de générations disponibles. Ulam nota que le problème devient aigu quand on considère que l'évolution est supposée avoir produit non pas une seule adaptation complexe mais des millions d'entre elles, à travers des millions d'espèces, chacune nécessitant sa propre série de mutations coordonnées.

Ulam souleva également la question de ce qu'il nomma le bruit. Contrairement à ce que laisse croire la confusion de Richard Dawkins et de son programme Weasel, la mutation aléatoire n'est pas une recherche dirigée vers une destination pré-établie, c'est une marche aléatoire à travers l'espace des séquences. La plupart des pas de cette déambulation ne mènent nulle part. Beaucoup de pas vont en arrière, dégradant les séquences fonctionnelles que la sélection avait précédemment construites. Le signal, ou la rare mutation bénéfique, doit d'une façon ou d'une autre être préservé contre ce bruit de fond constant. Ulam se demanda si la sélection était suffisamment puissante pour y parvenir, étant donné des tailles de population réalistes et des coefficients de sélection réalistes.

Marcel Schützenberger mobilisa les outils de la théorie des langages formels et de la science de l'information au problème. Son article, « Algorithms and the Neo-Darwinian Theory of Evolution », introduisit un cadre conceptuel que ni Eden ni Ulam n'avaient explicitement employé : la distinction entre l'espace typographique et l'espace fonctionnel.

Considérez, suggéra Schützenberger, le génome comme un texte, comme une chaîne linéaire de caractères d'un alphabet de quatre lettres. C'est l'espace typographique. Maintenant considérez l'organisme que le génome encode, le phénotype, avec toutes ses structures et fonctions. C'est l'espace fonctionnel. Le néo-darwinisme propose que des changements aléatoires dans l'espace typographique (les mutations) peuvent produire des changements significatifs dans l'espace fonctionnel (les phénotypes).

Mais cela est-il réellement plausible ?

Schützenberger proposa une analogie. Imaginez un texte écrit en français qui est un paragraphe grammatical et significatif. Maintenant appliquez des changements typographiques aléatoires : substituez une lettre ici, supprimez une lettre là, insérez un caractère aléatoire ailleurs. Quelle est la probabilité que ces changements produisent un autre paragraphe français également grammatical et significatif ? La probabilité est pour ainsi dire nulle. Les changements aléatoires dans l'espace typographique ne préservent presque jamais le sens ; ils le détruisent de manière fiable. L'espace des textes significatifs est un minuscule archipel dans un vaste océan de charabia.

La même logique, fit valoir Schützenberger, s'applique aux génomes. L'espace des génomes fonctionnels – ceux qui codent des organismes viables – est un minuscule sous-ensemble de l'espace des séquences possibles. Les changements aléatoires à un génome fonctionnel produiront presque toujours un génome non fonctionnel. La mutation peut être « typographiquement » petite (une substitution d'un seul nucléotide), mais elle est « fonctionnellement » catastrophique (une protéine cassée, un organisme mort). Pour que le néo-darwinisme fonctionne, il doit y avoir une correspondance entre la proximité typographique et la proximité fonctionnelle : de petits changements dans la séquence doivent typiquement produire de petits changements dans la fonction. Mais Schützenberger souligna qu'aucune preuve ne soutenait cette hypothèse, et qu'il y avait une quantité considérable de preuves qui la contredisaient.

Il poussa le point plus loin. Même si nous accordons que certaines mutations sont neutres ou bénéfiques, le problème demeure : comment une recherche aléatoire dans l'espace typographique trouve-t-elle les rares séquences qui sont fonctionnelles ? La sélection ne peut pas aider tant qu'un variant fonctionnel n'existe pas ; elle ne peut guider la recherche, mais seulement filtrer les résultats. La recherche est aveugle, et la cible est infimement petite.

Pour saisir ce que disaient les mathématiciens, il est utile de raisonner en termes d'analogies concrètes. Imaginez que vous essayez de trouver un livre particulier dans une bibliothèque. Ce n'est pas une tâche difficile si la bibliothèque est petite, organisée, et que vous connaissez le système de classification par lequel les livres sont arrangés. Mais maintenant imaginez un scénario différent : la bibliothèque est massive et elle contient chaque livre possible et chaque arrangement possible de lettres qui pourrait remplir trois cents pages. La plupart de ces « livres » ne sont que pur charabia, des chaînes de caractères aléatoires ne signifiant rien. Une infime fraction d'entre eux sont des textes cohérents. Une fraction encore plus infime sont des textes cohérents et utiles – des livres qui contiennent des histoires précises ou des récits captivants que vous voulez lire. Et votre travail est de localiser un livre utile spécifique, et de le trouver en tirant des volumes des étagères au hasard sans lire les couvertures.

Ou pour le dire autrement, le fait que vos 10 000 singes proverbials aient réussi, contre toute attente, à taper : « C'était le meilleur des temps, c'était le pire des temps » n'implique absolument pas que la prochaine chose qu'ils vont produire sera une virgule, encore moins la phrase correctement ponctuée : « , c'était l'âge de la sagesse, ». Il n'existe aucune raison, et aucun moyen pour la sélection de savoir, que le prochain caractère devrait être une virgule, car la prochaine mutation aléatoire pourrait tout aussi bien être une esperluette, le chiffre 6, un point, ou un U majuscule avec trémas.

Les probabilités mêmes contre la mutation aléatoire et la sélection naturelle produisant les 119 mots de la première phrase sont absolument astronomiques, et vous pouvez assurément oublier l'idée qu'elle puisse produire le texte anglais entier de *A Tale of Two Cities* avant la fin du Kali Yuga ou les cinq âges suivants après cela.

La contribution d'Ulam consista à chiffrer le problème. Supposons que l'évolution nécessite une séquence de dix améliorations, chacune devant être fixée dans la population avant que la suivante puisse être utile. Combien de temps cela prend-il ? Chaque mutation doit d'abord se produire – une fonction de la taille de la population et du taux de mutation. Ensuite, elle doit se propager à travers la population – une fonction du coefficient de sélection et du nombre de générations. Ulam effectua les calculs et démontra que même sous des hypothèses optimistes, le temps requis croît rapidement. Pour les milliers d'adaptations complexes que l'évolution est supposée avoir produites, le temps total requis dépasse l'âge de la Terre.

Les mathématiciens n'affirmaient pas que l'évolution était impossible dans un sens métaphysique ou philosophique. Ils soulignaient que le mécanisme spécifique proposé par le néo-darwinisme – la mutation aléatoire filtrée par la sélection naturelle – ne suffisait tout simplement pas à la tâche requise de lui, étant donné les nombres impliqués. Ce n'est ni une objection philosophique ni une objection religieuse. C'est une assertion mathématique directe sur les taux : le taux de mutation bénéfique est bien trop bas, et le taux de fixation est bien trop lent, pour expliquer la complexité observée de la vie dans le temps disponible. Les biologistes à Wistar répondirent avec trois articles de leur côté.

Ernst Mayr, doyen de la biologie évolutive, contribua « Evolutionary Challenges to the Mathematical Interpretation of Evolution » – un titre qui semblait annoncer une contre-attaque mais livra en réalité quelque chose de bien plus proche d'un changement complet de sujet. L'article de Mayr constituait un catalogue de phénomènes évolutifs : évolution rapide chez les moineaux domestiques depuis leur introduction en Amérique du Nord, stase chez les limules pendant des centaines de millions d'années, la diversité des poissons cichlidés dans les lacs africains. Il discuta du flux génétique, de la dérive génétique et de l'effet fondateur. Il souligna que l'évolution procède à des taux variables sous des conditions variables.

Ce que Mayr ne fit à aucun moment fut de s'attaquer aux arguments mathématiques. Il ne contesta pas le calcul d'Eden de l'espace des séquences. Il ne défia pas les estimations de probabilité d'Ulam. Il n'aborda pas l'analogie typographique de Schützenberger. Son article se lisait comme si les défis mathématiques ne lui avaient même pas été présentés. Il semble que le père de la Synthèse Moderne estimait que la réponse appropriée à un défi mathématique probabiliste était une collection d'anecdotes d'histoire naturelle.

En cela, il préfigura *The God Delusion* de Dawkins. J'ai toujours trouvé remarquable que le célèbre biologiste d'Oxford parût sincèrement penser qu'une série d'anecdotes sans rapport incluant une histoire sur Alfred Hitchcock traversant la Suisse en voiture était un argument substantiel contre l'existence de Dieu.

Richard Lewontin proposa une réponse plus superficiellement sophistiquée dans « The Principle of Historicity in Evolution ». Lewontin distingua entre les modèles déterministes et stochastiques du changement évolutif, et introduisit une troisième catégorie qu'il appela processus « capricieux » – ceux dans lesquels le résultat dépend de la séquence historique des événements. Il présenta des simulations informatiques montrant comment les fréquences génétiques errent dans l'espace d'état sous une sélection fluctuante et comment les populations peuvent finir dans des endroits très différents selon l'ordre dans lequel les changements environnementaux se produisent.

C'était techniquement remarquable, particulièrement étant donné l'état précoce de l'informatique, mais cela passait complètement à côté du sujet. Lewontin analysait la dynamique des fréquences génétiques sous l'hypothèse que les mutations existent et que la sélection opère sur elles. Les mathématiciens posaient une question plus profonde sur la possibilité que les mutations requises pour une adaptation complexe puissent apparaître en premier lieu. Les modèles de Lewontin présupposaient tout simplement ce qui restait à démontrer.

Quand Schützenberger le pressa sur ce point pendant la discussion, en soulignant que la topologie du paysage de fitness ne peut être prise comme acquise mais doit elle-même être expliquée, Lewontin se rabattit sur un argument circulaire : la topologie de fitness est « elle-même un produit de l'évolution ». Or, cela supposait précisément ce qui était en question. Vous ne pouvez pas expliquer comment l'évolution produit des adaptations complexes en supposant que l'évolution a déjà produit les préconditions pour une adaptation complexe. Le chemin devient une impasse.

La contribution de George Wald, « The Problems of Vicarious Selection », était la plus manifestement hors sujet des articles biologiques. Wald discuta de la sélection de groupe qui opère sur des individus non reproducteurs à travers leurs effets sur le succès reproductif des parents, comme les abeilles ouvrières qui aident la ruche et les humains âgés qui aident leurs petits-enfants. C'était un article perspicace qui préfigurait des développements ultérieurs dans la théorie de la sélection de parentèle. Or il n'avait absolument rien à voir avec les défis mathématiques qui constituaient l'objet déclaré du symposium ! Wald n'essaya même pas de répondre à Eden, Ulam ou Schützenberger ; il présenta simplement un article sur un sujet entièrement différent totalement sans rapport avec le sujet.

Les discussions suivant chaque article furent souvent plus révélatrices que les articles eux-mêmes, et nous les examinerons dans la section suivante. Mais même à partir des présentations formelles, le tableau était clair : les mathématiciens soulevèrent des objections spécifiques, substantielles et quantitatives aux fondements du néo-darwinisme, et les biologistes n'avaient rien à offrir en retour.

Les discussions

Les articles formels à Wistar établirent les lignes de bataille, mais les discussions qui suivirent chaque présentation révélèrent le véritable état du conflit. C'est dans ces échanges, souvent vifs, parfois confus, et occasionnellement brutaux, que la confusion des biologistes et leur incapacité à comprendre les défis mathématiques, encore moins à y répondre, devinrent indéniables. La transcription conserve un remarquable témoignage de dérobade intellectuelle, de propos hors sujet, et de la reconnaissance graduelle naissante parmi certains des participants que quelque chose avait terriblement mal tourné.

La discussion qui suivit l'article d'Eden donna le ton. Waddington, le biologiste du développement, tenta de recadrer le problème. Sûrement, suggéra-t-il, le problème n'était pas la probabilité dans un sens abstrait, mais plutôt la structure du paysage de fitness. Si le paysage avait les bonnes propriétés – s'il était lisse plutôt qu'accidenté, avec des pentes douces menant vers le haut depuis presque n'importe quel point de départ – alors la sélection pourrait guider l'évolution efficacement à travers l'espace des séquences. La réponse d'Eden fut courtoise mais sans la moindre indulgence pour Waddington : « Je dois m'excuser d'être si vague sur la nature de R », dit-il, faisant référence à la fonction de fitness, « mais laissez-moi dire juste une chose qui m'a conduit à cette conclusion : cela nécessite une définition plus complète de la fitness ou de la survie, auquel cas on peut discuter de la magnitude absolue des probabilités. »

En termes simples, il demandait : « montrez-moi les calculs ». Waddington ne pouvait pas le faire.

Ce schéma se reproduisit tout au long du symposium. Les biologistes offraient des objections qualitatives – assurément les choses étaient plus compliquées, assurément il y avait des facteurs que les mathématiciens n'avaient pas considérés, sûrement les chiffres fonctionneraient si seulement les bons ajustements étaient faits – et les mathématiciens réclamaient les calculs à l'appui. Et les calculs ne furent jamais produits. Les biologistes n'avaient tout simplement aucune preuve d'aucune sorte pour étayer leurs assertions désinvoltes.

La discussion autour de Mayr fut particulièrement révélatrice. Lorsqu'on le pressa sur le fond mathématique, il se rabattit sur ce qu'on ne peut appeler que l'argument ontologique de l'existence : l'évolution s'est produite, nous sommes là, donc les mathématiques doivent être fausses. « Le fait même que nous ayons cette conférence », observa-t-il à un moment, « est la preuve que l'évolution s'est produite. » On croit presque entendre les mathématiciens soupirer. Oui, Professeur Mayr, nous savons que nous sommes là, mais la question est de savoir si le mécanisme néo-darwinien peut en rendre compte. Pointer vers le fait observable de la complexité biologique n'explique pas comment cette complexité est apparue à l'origine.

C'est comme répondre à un ingénieur qui dit que vous n'avez pas pu traverser le pont de l'autre côté du canyon dans les cinq dernières minutes parce qu'il n'y a pas de pont, en faisant un geste vers le canyon vide et en lui disant : « mais vous pouvez voir que je suis juste là ! Comment expliquez-vous cela sans pont ? »

Peut-être le peut-il. Peut-être ne le peut-il pas. Mais quoi qu'il en soit, il n'y a aucun pont. Pour autant qu'il sache, vous avez toujours été là.

Mayr déploya également ce qu'on pourrait appeler l'argument de la variabilité. L'évolution procède parfois rapidement, parfois lentement ; parfois elle produit des changements dramatiques, parfois la stase. Cette variabilité, suggéra-t-il de façon plutôt étrange, répondait d'une certaine manière à l'objection mathématique. Mais bien sûr, cela ne faisait rien de tel. Les mathématiciens ne soutenaient pas que l'évolution procède à un taux constant ; ils faisaient observer que même les taux d'évolution les plus rapides observés demeuraient trop lents. La variabilité dans une fourchette insuffisante est toujours insuffisante. Si vous devez parcourir mille miles en un jour et que la vitesse maximale de votre véhicule est de dix miles à l'heure, il ne sert à rien de faire remarquer que vous pouvez parfois pousser jusqu'à douze.

Les discussions révélèrent également une confusion persistante chez les biologistes sur ce que, exactement, les mathématiciens affirmaient. À plusieurs reprises, les biologistes répondirent comme si le défi concernait les origines de la vie, et des choses comme la première molécule auto-réplicante ou la première cellule. Mais Eden, Ulam et Schützenberger firent explicitement clair qu'ils ne parlaient pas d'abiogenèse. Ils étaient focalisés sur l'évolution ultérieure des adaptations complexes, étant donné que la vie auto-réplicante existe déjà. Leur question n'était pas « comment la vie a-t-elle commencé ? » mais « comment la vie, ayant commencé, a-t-elle produit des yeux et des cerveaux et des systèmes immunitaires ? » L'état de confusion totale des biologistes sur ce point suggère fortement qu'ils n'avaient pas été capables de comprendre les articles critiques auxquels ils étaient supposément en train de répondre.

Schützenberger se révéla l'interrogateur le plus redoutable. Pendant la discussion de Lewontin, il se focalisa sans relâche sur la question de la correspondance génotype-phénotype. Lewontin avait présenté des modèles élégants de dynamique des fréquences génétiques et montré comment les populations errent dans l'espace génétique sous une sélection fluctuante. Schützenberger voulait savoir ce qui fondait l'hypothèse que le paysage de fitness avait une structure particulière ? Les modèles de Lewontin supposaient que de petits changements génétiques produisaient typiquement de petits changements phénotypiques, supposant que la correspondance du génotype au phénotype était, dans un certain sens, continue. Mais pourquoi devrait-on croire cela ?

La réponse de Lewontin fut elle aussi circulaire. La topologie de fitness, suggéra-t-il, était « elle-même un produit de l'évolution ». Mais c'est précisément ce qui ne saurait être supposé. La question en jeu est de savoir si la structure de l'espace des séquences permet à l'évolution de se produire du tout. Répondre à cette question en affirmant que l'évolution a façonné la structure n'est pas un argument ; c'est un faux-fuyant. Un homme ne peut expliquer comment il a traversé une rivière infranchissable en prétendant avoir utilisé des pierres de gué qui se trouvaient là fort à propos, et quand on demande qui les a placées, répondre qu'il l'a fait lui-même en traversant.

Schützenberger insista davantage. Il souligna que dans le seul domaine où nous avons de bonnes données sur la correspondance génotype-phénotype – le code génétique lui-même, où nous savons exactement comment les séquences nucléotidiques correspondent aux séquences d'acides aminés – de petits changements typographiques produisent fréquemment des changements fonctionnels catastrophiques. Une substitution d'un seul nucléotide peut convertir un codon spécifiant un acide aminé en un codon spécifiant un acide aminé complètement différent, ou en un codon stop qui tronque entièrement la protéine. Le code génétique n'est pas lisse; c'est un champ de mines. Pourquoi devrait-on supposer que la correspondance de niveau supérieur des gènes aux organismes est différente?

Lewontin n'eut pas de réponse. La transcription conserve un échange qui confine au surréaliste :

« Dr Schützenberger : Je voudrais savoir comment vous pourriez utiliser une notion comme la quasi-continuité. »

« Dr Lewontin : C'est une très bonne question. Je ne sais pas. »

Voilà. L'un des généticiens des populations les plus éminents du monde, confronté à une question directe sur les fondements de base de son domaine, avouant librement qu'il ne sait pas comment répondre à une question sur l'hypothèse centrale sur laquelle repose toute la structure néo-darwinienne. Si de petits changements génétiques ne produisent pas typiquement de petits changements phénotypiques, alors l'escalade de colline ne fonctionne pas, et la sélection naturelle ne peut pas faire ce que la théorie prétend qu'elle fait.

L'aveu candide d'ignorance de Lewontin aurait dû marquer un moment décisif. Il n'en fut rien. Le symposium continua, et le domaine continua, et soixante ans plus tard, personne n'a encore su répondre à la question de Schützenberger.

La discussion de synthèse, présidée par Waddington, tenta de masquer le gouffre béant qui séparait les mathématiques des contes de fées évolutifs. Waddington offrit un résumé conciliant : peut-être que les mathématiciens et les biologistes parlaient simplement à côté les uns des autres, peut-être que les problèmes étaient plus subtils que l'un ou l'autre camp ne l'appréciait, et peut-être que des travaux ultérieurs réconcilieraient les perspectives concurrentes. C'était un résumé diplomatique, mais fallacieux. Les mathématiciens avaient fait des affirmations spécifiques et posé des questions spécifiques. Les biologistes n'y avaient point répondu. Feindre que le désaccord relevait d'un simple malentendu, plutôt que d'un échec complet, permit à chacun de rentrer chez soi sans reconnaître ce qui s'était réellement passé, et contribua probablement à la façon dont le symposium historique a pratiquement disparu de l'histoire des sciences.

Soixante ans se sont écoulés, sans réconciliation. Et maintenant nous savons qu'il n'y en aura jamais.

À son crédit, Sir Peter Medawar semblait reconnaître la gravité de la situation. Dans ses interjections occasionnelles tout au long du symposium, on décèle une impatience croissante envers les faux-fuyants incessants des biologistes. À un moment, quand un biologiste offrit encore une autre objection qualitative sans calculs à l'appui, Medawar demanda de manière pointue si quelqu'un avait l'intention de s'engager réellement avec les mathématiques. Sa question demeura en suspens, sans réponse. La réponse, de toute évidence, était non.

Que devons-nous penser de Wistar, soixante ans après ? L'interprétation la plus charitable est que les biologistes n'étaient pas prêts, comme s'ils étaient venus en s'attendant à un débat philosophique superficiel et avaient soudainement découvert qu'ils étaient dans un duel mathématique sans munitions. Ce n'est pas entièrement faux. La synthèse néo-darwinienne avait été construite par des naturalistes et des généticiens, pas par des mathématiciens. Ses fondateurs ne s'étaient pas donné la peine de faire les calculs de probabilité parce qu'ils avaient supposé, assez raisonnablement, que leur logique était correcte et que donc les chiffres finiraient par fonctionner. Par conséquent, lorsque Eden, Ulam et Schützenberger effectuèrent réellement les calculs, les biologistes n'étaient tout simplement pas prêts à envisager que les chiffres ne seraient tout simplement pas au rendez-vous.

La même chose, tout aussi évidemment, est vraie aujourd'hui. Une fois que les biologistes eurent finalement quelques nouveaux modèles mathématiques, ainsi que quelques chiffres qui fonctionnaient pour les bactéries, comment auraient-ils pu imaginer que ni les modèles ni les chiffres ne fonctionneraient pour des choses qui ne sont pas des bactéries ?

D'où le dicton : que la raison se taise quand l'expérience contredit ses conclusions. Cela est encore plus vrai des mathématiques combinées avec des données empiriques.

Mais l'interprétation moins charitable est bien mieux étayée par la transcription ainsi que par le comportement subséquent du domaine pendant les six dernières décennies. Les biologistes à Wistar n'étaient pas simplement non préparés pour les défis mathématiques, ils étaient manifestement réticents à simplement les considérer. Confrontés à des arguments auxquels ils ne pouvaient répondre, ils changèrent effrontément de sujet. Quand on leur demanda des calculs, ils servirent des histoires d'abeilles. Quand on leur démontra que leurs hypothèses étaient sans fondement, ils affirmèrent que ces hypothèses devaient être correctes parce que la théorie l'exigeait. Ce n'est pas là le comportement de scientifiques affrontant un problème difficile; c'est le comportement d'avocats dogmatiques plaidant une cause indéfendable.

Le trait le plus frappant de la transcription de Wistar est ce qu'elle ne contient pas. On n'y trouve pas un seul exemple d'un biologiste produisant un seul calcul tentant ne serait-ce que de contredire les conclusions des mathématiciens. Eden affirma que l'espace des séquences était trop vaste pour une recherche aléatoire. Nul ne calcula un espace plus restreint. Ulam affirma que le temps requis pour des améliorations séquentielles dépassait le temps disponible. Personne ne calcula un temps plus court. Schützenberger affirma que des changements typographiques aléatoires ne pouvaient pas produire de manière fiable des variations fonctionnelles. Personne ne démontra un mécanisme par lequel ils le pourraient. Les biologistes affirmèrent, objectèrent, raisonnèrent par analogie et firent de vagues gestes. Ils ne firent pas les calculs.

On peut s'attendre avec certitude que c'est précisément ainsi que les biologistes professionnels et les défenseurs encore accrochés à la théorie désormais réfutée de la sélection naturelle néo-darwinienne se comporteront en réponse à ce livre.

Cette asymétrie est la clef pour comprendre Wistar. Dans tout différend scientifique, les chiffres finissent toujours par l'emporter sur les récits, non pas parce que les chiffres ont toujours raison, mais parce que les chiffres peuvent être vérifiés et les équations peuvent être affinées, comme je l'ai fait moi-même à plusieurs reprises concernant les différentes itérations de MITTENS. Si le calcul d'Eden de l'espace des séquences était faux, un biologiste aurait pu montrer l'erreur. Si les estimations de probabilité d'Ulam étaient incorrectes en raison d'hypothèses erronées, un biologiste aurait pu substituer de meilleures hypothèses et dériver des résultats contraires. Si l'analogie typographique de Schützenberger était fallacieuse, un biologiste aurait pu présenter des données sur les correspondances génotype-phénotype réelles qui la réfutaient. Rien de tout cela n'advint. Les chiffres des mathématiciens restèrent incontestés, parce que les biologistes ne pouvaient les contester.

Aussi la conférence s'acheva-t-elle, non par une résolution mais par une duplicité. Les mathématiciens avaient présenté leur cas. Les biologistes avaient totalement échoué à le réfuter. La prédiction de Kaplan selon laquelle Wistar ressemblerait à d'autres conférences de paix échouées se révéla exacte. Les actes furent publiés, occasionnellement cités, et graduellement oubliés au fil du temps. La synthèse néo-darwinienne continua son cours, non perturbée par les objections mathématiques auxquelles on n'avait jamais répondu. Pendant les soixante années suivantes, les biologistes continuèrent d'étudier les couleurs des poissons, les tailles des becs, les ruches d'abeilles et autres détails hors de propos, proclamèrent solennellement que c'était « cohérent avec l'évolution par sélection naturelle » sans rien accomplir d'une quelconque valeur scientifique ou technologique.

Mais sans réponse n'équivaut pas à irrépondable. Les questions inconfortables soulevées à Wistar ne disparurent pas parce que les biologistes de 1966 ne pouvaient pas y répondre. Ces questions demeurèrent dans les limbes scientifiques, attendant les données qui trancheraient la question dans un sens ou dans l'autre.

Ces données ont désormais été rassemblées.

Le jour du jugement est advenu.

Le défi mathématique : Alors et maintenan

Les mathématiciens présents à Wistar travaillaient à l'aveugle. Ils disposaient des mathématiques et de la logique, mais ils manquaient des données nécessaires pour rendre leurs preuves concluantes. Ils avaient le cadre théorique requis pour démolir la TESN une fois pour toutes, avec les espaces de séquences, les calculs de probabilité et les contraintes de théorie de l'information, mais ils manquaient des mesures empiriques nécessaires des variables clés. À quelle vitesse les mutations se fixentelles réellement dans les populations réelles ? Combien de temps faut-il réellement pour qu'un changement bénéfique se propage d'un seul individu à une espèce entière ? Eden, Ulam et Schützenberger pouvaient estimer ces paramètres à partir de considérations théoriques, et ils arrivèrent aux bonnes conclusions, mais ils ne pouvaient désigner des données observées car la science manquait de la technologie nécessaire en 1966.

Ce manque de données empiriques pour étayer leur logique mathématique offrit aux biologistes une porte de sortie qu'ils n'hésitèrent pas à emprunter. Peut-être les chiffres du monde réel étaient-ils plus favorables que ne le suggéraient les estimations théoriques. Peut-être l'évolution était-elle, d'une façon ou d'une autre, magiquement plus rapide que ce que les mathématiques prédisaient.

Donc, ce que vous dites, c'est qu'il y a une chance !

Cette échappatoire empirique resta ouverte pendant des décennies et les biologistes continuèrent à s'en prévaloir. La synthèse néo-darwinienne continua à se développer, en incorporant la théorie neutre, les horloges moléculaires et une génétique des populations toujours plus sophistiquée alors même que ces éléments détruisaient de l'intérieur la théorie centrale de la sélection naturelle.

Ce qui changea finalement tout fut l'avènement du séquençage génomique complet et l'accumulation de données significatives sur les taux de fixation du monde réel. Nous pouvons désormais mesurer directement la vitesse à laquelle les mutations se propagent à travers les populations réelles. Nous pouvons observer la fixation se produire en temps réel, chez les bactéries avec des temps de génération courts. Nous pouvons inférer les taux de fixation chez les humains en examinant des marqueurs génétiques avec des histoires connues. Les estimations théoriques sur lesquelles Eden et Ulam s'appuyaient ont été remplacées par des observations empiriques. Or les observations empiriques sont encore plus défavorables au néo-darwinisme et son mécanisme central de sélection naturelle que ne l'étaient les estimations théoriques.

Les taux observés de fixation mutationnelle, chez les bactéries, chez les humains et dans toute autre forme de vie, sont bien trop lents pour expliquer les changements génétiques requis par l'évolution néo-darwinienne dans les délais disponibles.

Les mathématiciens présents à Wistar avaient raison depuis le début. Ils avaient raison en 1966, quand ils soulevèrent leurs défis mathématiques à l'évolution par sélection naturelle, et ils ont raison aujourd'hui, quand les données confirment leurs calculs. Les biologistes qui les écartèrent et éludèrent leurs défis avaient tort. Les défenseurs de la Synthèse Moderne avaient tort, non parce que leurs mathématiques étaient fausses, mais parce qu'ils supposèrent, sans preuve, que les chiffres joueraient en leur faveur. Mais les chiffres n'ont pas joué. Ils n'auraient jamais pu le faire.

Ce qui manquait à Wistar, et ce que nous possédons aujourd'hui, c'est la clôture empirique. En 1966, les biologistes pouvaient se replier sur l'incertitude : « Nous ne connaissons pas vraiment les taux de fixation dans les organismes complexes. Peut-être qu'ils sont beaucoup plus rapides que chez les bactéries. Peut-être qu'il y a des mécanismes que nous n'avons pas découverts. »

Cette retraite n'est plus possible. Nous avons mesuré les taux en question. Nous avons observé les mécanismes. *Et ils ne peuvent pas faire ce que le néo-darwinisme exige qu'ils fassent.*

Les portes de sortie sont désormais fermement soudées. Les défis mathématiques tiennent bon, soutenus par des preuves incontestables. Soixante ans après qu'une salle remplie de biologistes évolutionnistes distingués eut échoué à répondre à Eden, Ulam et Schützenberger, nous pouvons affirmer avec une confiance absolue qu'ils ont échoué parce qu'il n'y avait jamais aucune chance qu'ils pussent réussir. Ils étaient d'emblée condamnés à échouer. La théorie de l'évolution par sélection naturelle est désormais confirmée comme mathématiquement impossible en raison des taux observés de changement génétique, et ce, à un degré qui ferait la fierté d'un physicien des particules.

Cet échec de la théorie de l'évolution par sélection naturelle ne signifie pas que la vie n'ait pas évolué d'une certaine manière. Ce que cela signifie, c'est que le mécanisme proposé par la théorie néo-darwiniste ne saurait possiblement expliquer la variété des phénotypes observés dans la nature ou le registre génétique. Quelque chose d'autre s'impose.

La nature de ce quelque chose d'autre est une question pour les chapitres suivants et les enquêtes futures. Mais la première étape consiste à reconnaître que la question est désormais entièrement ouverte, que malgré soixante ans de posture pseudo-scientifique post-symposium incessante, nous ne pouvons plus prétendre de manière crédible connaître l'origine des espèces, ou comment la vie complexe est apparue à partir de formes plus simples.

Les mathématiciens le savaient en 1966. Les preuves le confirment aujourd'hui.

Chapitre 7
Le Darwillion

La sélection naturelle est un mécanisme pour générer un degré d'improbabilité excessivement élevé.

– Ronald A. Fisher, *The Genetical Theory of Natural Selection*, 1930

Tout au long de cet ouvrage, notre attention s'est portée prioritairement sur la lignée humaine – ces quelque 20 millions d'événements de fixation nécessaires pour métamorphoser le Dernier Ancêtre Commun Chimpanzé-Humain en l'actuel *Homo sapiens sapiens*. Or, le DACH n'était pas non plus un chimpanzé. La lignée du chimpanzé avait elle aussi ses propres 20 millions d'événements de fixation à accomplir pendant les mêmes 9 millions d'années. Si nous voulons calculer la probabilité que la divergence complète se soit produite par le seul effet du hasard, nous devons prendre en compte les deux lignées.

Les mathématiques sont simples. Les résultats ne le sont pas.

Deux lignées, un problème

Le Projet du Génome du Chimpanzé a répertorié environ 40 millions de différences génétiques au total entre les humains et les chimpanzés : 35 millions de polymorphismes nucléotidiques simples plus 5 millions d'événements d'insertion/délétion. Ces différences s'étant accumulées dans les deux lignées après la séparation de notre ancêtre commun, nous les répartissons à peu près également : 20 millions d'événements de fixation dans la lignée humaine et 20 millions dans la lignée du chimpanzé.

Pour la lignée humaine, nous avons environ 450 000 générations nominales, dérivées de 9 millions d'années divisées par 20 ans par génération. En tenant compte du problème des générations chevauchantes qui sera expliqué en détail au chapitre onze – le fait qu'une « génération » humaine ne représente qu'environ 22,5 % de la population vivante, pas 100 pour cent comme le suppose le modèle de fixation standard Wright-Fisher – nous obtenons environ 202 500 générations effectives.

Pour la lignée du chimpanzé, le temps de génération est plus court – environ 15 ans. Cela donne 600 000 générations nominales sur 9 millions d'années. En appliquant le même ajustement pour les générations chevauchantes, nous obtenons environ 270 000 générations effectives.

Une répartition théoriquement plus précise des 40 millions de fixations divergentes entre les lignées humaine et du chimpanzé pourrait pondérer la divergence par le temps de génération plutôt que de la diviser également. Cependant, les mathématiques aboutissent à peu près au même résultat qu'on utilise une génération de 29, 25 ou 20 ans pour les humains, ainsi que qu'on utilise une division égale ou pondérée.

Nous conservons la répartition égale de 20 millions tout au long de l'ouvrage pour la clarté de l'exposé.

Fixations par génération

Pour fixer 20 millions de mutations en 202 500 générations effectives, la lignée humaine aurait dû accomplir en moyenne 99 événements de fixation par génération. Non pas 99 mutations apparaissant pour la première fois dans l'espèce humaine, mais 99 mutations atteignant une fixation complète, se propageant d'un seul individu à l'espèce entière, à chaque génération, pendant 9 millions d'années sans interruption.

La lignée du chimpanzé, avec 270 000 générations effectives, aurait besoin de compléter environ 74 événements de fixation par génération. Ce qui n'est toujours pas même vaguement possible.

À quelle vitesse la fixation peut-elle réellement s'effectuer ? La mutation CCR5-delta32 constitue actuellement notre meilleur point de référence empirique. Cette mutation, qui confère une résistance au VIH, et, vraisemblablement, à la peste noire, fut fortement sélectionnée durant la Peste noire de 1347–1351 – un événement qui emporta de 30 à 60 %

de la population européenne, et représente ainsi la pression sélective la plus intense de l'histoire humaine documentée.

Après 34 générations, CCR5-delta32 a atteint environ 10 % de fréquence dans les populations européennes. Mais la fixation signifie se propager à travers l'*espèce entière*, et pas seulement dans la population d'un seul des sept continents. La mutation reste proche de 0 % dans les populations d'Asie de l'Est, d'Afrique et des Amériques autochtones. Compte tenu de la part de l'Europe dans la population mondiale, l'allèle CCR5-delta32 existe actuellement dans environ 1,5 % de l'humanité.

En extrapolant linéairement – ce qui est généreux, car les taux de fixation ralentissent généralement à mesure que les allèles deviennent plus fréquents – la fixation mondiale complète de CCR5-delta32 exigerait un minimum de 2 300 générations. Et ce, pour une mutation soumise à la pression sélective la plus forte de l'histoire documentée.

Les champions de la sélection naturelle s'attendent sérieusement à ce que nous acceptions leur théorie qui affirme que 99 mutations ont atteint une fixation mondiale complète tous les 20 ans pendant 9 millions d'années. Les données réelles montrent que même sous une pression sélective extrême, il faut plus de 2 300 générations pour qu'une seule et unique mutation se fixe à travers l'espèce humaine.

La probabilité de fixation

Quelle est la probabilité qu'une mutation donnée parvienne à la fixation ? La théorie neutre de Kimura fournit la réponse.

Le génome humain présente environ 100 nouvelles mutations par individu et par génération. Avec une population effective de 10 000 – estimation courante pour les populations humaines ancestrales – cela représente environ un million de nouvelles mutations entrant dans la population à chaque génération, soit environ 50 000 par an.

Sur 9 millions d'années, la lignée humaine a dû fixer 20 millions de mutations. C'est environ 2,2 fixations réussies par an. Si 50 000 mutations surviennent par an et que 2,2 doivent réussir, le taux de réussite requis serait d'une sur 23 000, soit 0,004 %.

Mais quelle est la probabilité réelle de fixation selon le modèle de Kimura ?

Pour une mutation neutre – et les néo-darwinistes eux-mêmes insistent sur le fait que la grande majorité des mutations sont neutres – la probabilité de fixation éventuelle est $1/(2N)$, où N est la taille effective de la population. Pour $N = 10\,000$, c'est 1 sur 20 000. Cette probabilité intègre déjà le fait que la plupart des mutations sont perdues par dérive génétique dans les premières générations ; c'est la probabilité totale qu'une nouvelle mutation neutre, apparaissant chez un seul individu, finisse par se propager à l'ensemble de la population.

Pour les mutations bénéfiques, la probabilité est plus élevée – environ $2s$, où s est le coefficient de sélection. Pour une mutation avec $s = 0{,}01$, c'est environ 1 sur 50. Mais les mutations bénéfiques sont rares. De l'aveu même des néo-darwinistes, l'écrasante majorité des mutations sont neutres ou délétères. Le chiffre d'une sur 20 000 s'applique à la mutation typique.

Nous pouvons maintenant calculer.

Pour la lignée humaine, la probabilité que 20 millions d'événements de fixation indépendants réussissent chacun avec une probabilité d'une sur 20 000 est :

$$(1/20\,000)^{20\,000\,000} = 10^{-86\,000\,000}$$

Pour la lignée du chimpanzé, le calcul est identique – elle a également besoin de 20 millions de fixations réussies :

$$(1/20\,000)^{20\,000\,000} = 10^{-86\,000\,000}$$

Ces événements étant indépendants – la lignée humaine fixant ses mutations n'exerce aucun effet sur la lignée du chimpanzé fixant les siennes – nous multiplions les probabilités pour obtenir la probabilité combinée de la divergence complète :

$$10^{-86\,000\,000} \cdot 10^{-86\,000\,000} = 10^{-172\,000\,000}$$

Pour donner une idée de ce nombre : le nombre d'atomes dans l'univers observable est environ 10^{80}. Le nombre de secondes écoulées depuis le Big Bang est d'environ 10^{17}. La probabilité que nous venons de calculer n'est pas simplement petite – elle est inférieure à toute quantité ayant une signification physique. Elle est, à toutes fins pratiques et théoriques, égale à zéro.

Un nombre au-delà du langage

Que signifie $10^{-172\,000\,000}$? C'est une probabilité si infime que la langue française n'a pas de mot pour la désigner. Un googol, 10^{100}, est souvent cité comme un nombre dépassant toute quantité physique dans l'univers. Notre probabilité requiert un nombre 1,72 million de fois plus grand qu'un googol en exposant.

Pour donner une idée de l'échelle :

— Le nombre d'atomes dans l'univers observable est environ 10^{80}.
— Le nombre de secondes depuis le Big Bang est environ 10^{17}.
— Le nombre de parties d'échecs possibles est environ 10^{120}.
— Le nombre de volumes de Planck dans l'univers observable est environ 10^{185}.
— La probabilité de sélectionner au hasard le même atome à deux reprises dans tout l'univers observable, opération répétée avec succès chaque seconde depuis le Big Bang, serait d'environ 10^{-97}.

Notre probabilité comporte 172 millions de zéros après la virgule. L'écrire en notation standard nécessiterait un document d'environ 57 000 pages, ne contenant rien d'autre que des zéros. Si vous écriviez un zéro par seconde, il vous faudrait cinq ans et demi pour écrire ce nombre, sans dormir.

Puisque aucun nombre existant ne rend compte adéquatement de cette échelle d'improbabilité, je propose une nouvelle unité : le Darwillion. Un Darwillion est défini comme $10^{172\,000\,000}$ – l'inverse de la probabilité que la divergence humain-chimpanzé se soit produite par mutation aléatoire et sélection naturelle selon le modèle standard de Kimura pour la fixation génétique.

La probabilité que l'évolution néo-darwinienne ait produit à la fois les humains et les chimpanzés à partir d'un ancêtre commun est, par définition, d'une sur un Darwillion.

Au-delà de l'impossible

Les statisticiens et les physiciens considèrent les événements dont la probabilité est inférieure à 10^{-50} comme effectivement impossibles – non pas simplement improbables, mais si improbables qu'ils ne se produiront jamais au cours de toute l'histoire de l'univers, même si chaque particule existante tentait l'expérience continuellement depuis le Big Bang.

Notre probabilité n'est pas 10^{-50}. Elle n'est pas 10^{-100}. Elle n'est pas $10^{-1\,000}$ ou $10^{-1\,000\,000}$. Elle est $10^{-172\,000\,000}$. Elle excède le seuil d'impossibilité statistique de 171 999 950 ordres de grandeur.

Pour saisir ce que cela signifie, songez que chaque ordre de grandeur représente un accroissement décuple de l'improbabilité. La probabilité de gagner à la loterie Powerball est d'environ une sur 300 millions, soit environ $10^{-8,5}$. La probabilité de gagner au Powerball deux fois de suite est environ 10^{-17}. La probabilité de le gagner trois fois consécutivement est environ $10^{-25,5}$.

Un Darwillion équivaut à gagner à la loterie Powerball 20 millions de fois de suite.

Bonne chance avec ça.

Le verdict

La divergence des humains et des chimpanzés à partir d'un ancêtre commun par le moyen de la mutation aléatoire, de la sélection naturelle et de la dérive génétique n'est pas improbable. Elle n'est pas peu probable. Ce n'est pas un cas limite qui pourrait aller dans un sens ou l'autre selon comment vous interprétez les preuves.

Elle est mathématiquement impossible.

La probabilité est une sur un Darwillion.

Ce n'est pas un nombre qui permet le doute. Ce n'est pas un nombre qui invite à poursuivre les recherches pour investiguer la question. Ce n'est pas un nombre qui devrait inciter les optimistes à demander : « donc ce que vous dites c'est qu'il y a une chance? » C'est un nombre qui ferme la porte sur la Synthèse Moderne de façon permanente, définitive et irrévocable.

La sélection naturelle peut être, comme les biologistes l'imaginent, un mécanisme pour générer un degré d'improbabilité excessivement élevé. Même ainsi, elle ne peut pas générer un degré d'improbabilité suffisamment élevé pour rendre compte des multiples affirmations faites en son nom. Elle ne peut pas générer un seul Darwillion.

C'est pourquoi la Théorie de l'Évolution par Sélection Naturelle ne peut pas être le mécanisme par lequel les humains et les chimpanzés ont divergé d'un ancêtre commun. Les mathématiques ne fonctionnent pas. Elles ne sont même pas proches de fonctionner. Elles échouent de 172 millions d'ordres de grandeur.

Quel que soit le processus qui a engendré les espèces et produit la diversité de la vie sur Terre, ce n'était pas la sélection naturelle. La probabilité est absolument zéro.

Chapitre 8
Le Plafond Khan : L'Héritage Génétique et les Lois des Mathématiques

Sans la sélection naturelle, l'évolution devient une séquence de changements dénuée de sens.

– C.H. Waddington, *The Evolution of an Evolutionist*, 1975

Malgré les siècles écoulés, Gengis Khan n'a jamais été oublié. Le fondateur de l'Empire mongol fut un homme d'une volonté implacable et un prédateur insatiable dont l'empreinte génétique surpasse significativement celle de tout autre mâle humain, à l'exception peut-être de l'Adam originel. Et l'extraordinaire héritage génétique qu'il a laissé est tout aussi dévastateur pour la théorie néo-darwinienne que ses hordes le furent pour les terres qu'elles conquirent. Mais avant d'examiner cet héritage, il convient d'abord d'expliquer pourquoi il importe.

Après mon débat avec J.F. Gariépy, c'est avec un regret considérable que j'ai compris comment, malgré mes meilleurs efforts pour rendre chaque élément de l'argument pour l'Impossibilité Mathématique de la Théorie de l'Évolution par Sélection Naturelle facilement intelligible, j'avais commis précisément la même erreur que les physiciens du symposium en 1966. Cette année-là, au symposium de l'Institut Wistar sur les « Défis Mathématiques à l'Interprétation Néo-Darwinienne de l'Évolution », un groupe de mathématiciens et de physiciens présenta des calculs suggérant que le temps disponible pour l'évolution était insuffisant pour que la complexité observée de la vie apparaisse par mutation aléatoire et sélection naturelle. Les biologistes présents rejetèrent en grande partie ces préoccupations, incapables ou non désireux d'aborder le fond mathématique des arguments.

Mon erreur était identique à la leur : exiger de mes lecteurs qu'ils fassent un saut logique manifestement au-delà de la capacité de la plupart des gens, rendant ainsi ce qui aurait dû être un argument incontestable théoriquement contestable aux yeux du commun des mortels. Je supposais que les fixations mutationnelles les plus rapides jamais observées chez des bactéries de laboratoire étaient plus rapides, en termes générationnels, que toute fixation se produisant dans une espèce génétiquement plus complexe vivant à l'état sauvage. Cette hypothèse, bien qu'évidente pour quiconque est familier des laboratoires scientifiques, les animaux ou la génétique des populations, n'était pas explicitement établie.

L'objectif de ce chapitre est de combler ce fossé en fournissant de multiples exemples concrets de taux de fixation observés chez des organismes complexes, spécifiquement les humains, qui démontrent au-delà de tout doute raisonnable que le taux de fixation mutationnelle utilisé pour démontrer l'impossibilité de l'évolution par sélection naturelle dans MITTENS est non seulement approprié, mais s'avère en fait indûment généreux envers la Synthèse Moderne néo-darwinienne à laquelle les biologistes mainstream adhèrent.

Le problème central reformulé

Avant d'examiner les données, reformulons brièvement le problème mathématique au cœur de MITTENS. La théorie de l'évolution par sélection naturelle exige que les mutations bénéfiques se « fixent » dans une population, c'est-à-dire le processus par lequel une mutation se propage depuis le seul individu chez qui elle est d'abord apparue jusqu'à ce que chaque membre de l'espèce soit porteur de cette mutation. Ce processus de fixation prend du temps, à l'évidence, et le temps qu'il peut prendre est nécessairement limité par le nombre total de générations disponibles.

Le taux de fixation mutationnelle le plus rapide observé en laboratoire provient d'une étude de 2009 publiée dans *Nature*, qui a séquencé 19 génomes entiers de bactérie *Escherichia coli* et a détecté 25 mutations qui ont été fixées sur 40 000 générations. Cela donne une moyenne de

1 600 générations par mutation fixée. Il est capital de noter que ces 25 mutations *ont été fixées en parallèle*, ce qui signifie que le taux de 1 600 générations par fixation intègre déjà la propagation simultanée à travers toute la population. C'est le taux de fixation mutationnelle le plus rapide jamais directement observé par des scientifiques dans quelque condition que ce soit.

Considérons maintenant les implications de ce taux de 1 600 par génération pour l'évolution humaine. Le Dernier Ancêtre Commun Chimpanzé-Humain (DACH) aurait existé il y a environ 9 millions d'années, bien que les estimations aient varié de 4 à 25 millions d'années. En utilisant 20 ans par génération humaine, cela nous donne environ 202 500 générations effectives depuis le DACH, une fois prise en compte la correction Bio-Cycle. Les différences génétiques entre les humains et les chimpanzés exigent qu'environ 20 millions de mutations se soient fixées dans la lignée humaine et encore 20 millions dans la lignée du chimpanzé.

Si nous appliquons le taux de fixation bactérienne – le plus rapide jamais observé – à cette chronologie, nous trouvons que 202 500 générations divisées par 1 600 générations par fixation donnent un maximum de 127 mutations fixées. C'est environ 20 millions de moins que ce qui est requis pour la seule lignée humaine.

Les défenseurs du néo-darwinisme ont répondu à cette observation mathématique en affirmant que les mammifères doivent fixer les mutations bien plus rapidement que les bactéries en raison de taux de mutation plus élevés et de la fixation parallèle à travers de multiples gènes. Or cette affirmation n'est étayée par aucune étude scientifique ni aucune preuve observable. Au contraire, toutes les données disponibles suggèrent fortement que les organismes plus grands, plus complexes et géographiquement dispersés fixent les mutations bien plus lentement que les bactéries dans des conditions de laboratoire contrôlées.

Examinons à présent trois cas de changement génétique observé dans les populations humaines qui nous permettent d'estimer les taux de fixation à partir d'événements historiques survenus dans le monde réel.

Étude de cas un : la Peste Noire et CCR5-delta32

La mutation CCR5-delta32 est une délétion de 32 paires de bases dans le gène CCR5 qui, entre autres effets, confère une résistance significative à l'infection par le VIH. Cette mutation se rencontre presque exclusivement dans les populations européennes, où elle est actuellement présente chez environ 10 % de la population. Sa distribution géographique et la nature de la pression sélective qu'elle confère ont conduit les chercheurs à proposer qu'elle fut positivement sélectionnée durant la pandémie de la Peste noire de 1347–1351.

Pour notre propos, la cause de la sélection de la mutation importe moins que le taux observé de sa propagation historique. Ce que nous savons avec certitude, c'est que cette mutation existe actuellement à environ 10 % de fréquence dans les populations européennes après 34 générations. Même en adoptant les hypothèses les plus généreuses, en partant d'une fréquence plus élevée qu'un seul individu, et permettant une pression sélective de multiples événements historiques, la mutation demeure loin de la fixation après près de 700 ans.

Cela signifie qu'une mutation conférant une résistance à une maladie qui a tué entre 30 et 60 % de la population européenne, représentant l'une des pressions sélectives les plus fortes de l'histoire humaine documentée, n'a atteint que 10 % de fréquence locale après environ 34 générations. En appliquant une progression linéaire, une distribution à l'échelle européenne nécessiterait 306 générations supplémentaires pour se propager à travers toute la population européenne, ce qui adviendrait en l'an 6 120 après Jésus-Christ.

Mais ce n'est pas la fixation, pour la raison évidente que la population humaine ne se limite pas à l'Europe. Puisque l'Europe représente 15 pour cent de la population mondiale, une seconde progression linéaire donne un total d'au moins 2 278 générations pour la fixation de la mutation CCR5-delta32. L'exemple CCR5-delta32 fournit ainsi notre premier point de référence empirique : même sous la pression sélective la plus forte jamais observée dans l'histoire humaine, extrapolée linéairement, les mutations se propagent à travers les populations humaines réelles à des taux plus lents que la fixation bactérienne en conditions de laboratoire contrôlées.

Même ce taux est hautement surestimé puisque la pression sélective de la Peste noire ne s'exerce plus en Europe ou dans le reste du monde. Ce qui signifie que le temps estimé correct jusqu'à la fixation, selon le modèle neutre de Kimura de fixation par dérive génétique, est de 39 966 générations.

Quoi qu'il en soit, vous saisissez l'essentiel. Tant 2 278 que 39 966 sont des nombres supérieurs à 1 600. Ils ne sont pas inférieurs.

Étude de cas deux : la persistance de la lactase et dix mille ans

La mutation de persistance de la lactase fournit un exemple encore plus instructif car elle offre une chronologie bien plus longue. La lactase est l'enzyme qui digère le lactose, le sucre présent dans le lait. Chez la plupart des mammifères, y compris la majorité des humains à travers l'histoire, le gène qui produit la lactase est réprimé après le sevrage, rendant les adultes intolérants au lactose. Cependant, dans certaines populations humaines – particulièrement celles ayant une histoire de pastoralisme et d'élevage laitier – une mutation est apparue qui permet à la production de lactase de se poursuivre à l'âge adulte.

L'allèle principal de persistance de la lactase européen (LCT-13910*T) est estimé être apparu il y a environ 7 500–10 000 ans, coïncidant avec l'avènement de l'élevage laitier dans l'Europe néolithique. Cette mutation confère un avantage nutritionnel significatif dans les cultures pratiquant l'élevage animal, car elle permet aux adultes de digérer le lait – source riche en calories, protéines, graisses et calcium – qui causerait autrement des troubles gastro-intestinaux.

Malgré cet avantage de survie clair et substantiel dans les cultures d'élevage laitier, et malgré 375–500 générations pour se propager, la persistance de la lactase n'a atteint qu'environ 35 % de fréquence dans la population humaine mondiale. Dans les populations européennes, où la pression sélective était la plus forte, la fréquence est plus élevée – environ 80–90 % dans les populations d'Europe du Nord – mais même là, la fixation complète n'a pas été atteinte après dix millénaires. Le modèle de Kimura prédit la fixation dans la population d'élevage laitier en 77 générations supplémentaires et la fixation dans la population totale en 37 530 générations supplémentaires.

L'exemple de la persistance de la lactase illustre ainsi deux points cruciaux. Premièrement, même avec un avantage de survie évident, les mutations se propagent à travers les populations humaines à des taux comparables ou plus lents que la fixation bactérienne dans des conditions de laboratoire. Deuxièmement, la variation géographique et culturelle de la pression sélective crée des obstacles à la fixation à l'échelle de l'espèce qui n'existent pas dans les populations bactériennes de laboratoire.

Étude de cas trois : Gengis Khan et les limites de la sélection sexuelle

Les deux exemples précédents concernaient des mutations sous pression sélective naturelle, impliquant des avantages de survie conférés par la résistance aux maladies ou les capacités nutritionnelles. Or la sélection naturelle n'est pas le seul mécanisme par lequel les gènes peuvent se propager à travers une population. La sélection sexuelle, ou succès reproductif différentiel, peut également conduire le changement génétique. Et dans toute l'histoire documentée de l'humanité, aucun individu n'a jamais atteint un succès reproductif supérieur à celui de Temüjin, mieux connu dans le monde sous le nom de Gengis Khan.

Une étude révolutionnaire de 2003 publiée dans l'*American Journal of Human Genetics*, intitulée « The Genetic Legacy of the Mongols », analysa l'ADN du chromosome Y de 16 populations à travers l'Asie. Les chercheurs furent surpris de découvrir que près d'un homme sur douze à travers la région de l'ancien Empire Mongol – environ 8 % de la population masculine – partageait une lignée chromosomique Y inhabituelle. Extrapolé mondialement, cela représente environ 0,5 % de tous les mâles humains, soit environ un homme sur 200 dans le monde.

Les chercheurs attribuèrent cette signature génétique à Gengis Khan et ses descendants en ligne masculine. Le fondateur de l'Empire Mongol était historiquement documenté comme ayant rassemblé un énorme harem de femmes conquises, et ses fils et petits-fils continuèrent cette pratique alors qu'ils étendaient et administraient le plus grand empire terrestre contigu de l'histoire humaine. Les auteurs de l'étude notèrent que ce taux de propagation génétique, « s'il est réparti uniformément sur environ 34 générations, nécessiterait une augmentation moyenne d'un facteur de 1,36 par génération et est ainsi comparable aux événements sélectifs les plus extrêmes observés dans les populations naturelles. »

Laissez cela pénétrer : l'héritage génétique de Gengis Khan représente « les événements sélectifs les plus extrêmes observés dans les populations naturelles ». Et qu'a produit cet événement le plus extrême ? Une fréquence de 0,5 % de la population mondiale – un demi pour cent – après 40 générations.

Les mathématiques sont directes. Le troisième fils et successeur de Gengis Khan, Ögedei, est né en 1186. En utilisant une longueur de génération de 20 ans, cela nous donne 817 ans et environ 41 générations de cette date à aujourd'hui. En ce temps, la « lignée de Gengis Khan » s'est propagée d'un seul individu à 0,5 % de la population masculine mondiale.

Si nous extrapolons ce taux à la fixation complète – 100 % de la population – nous trouvons que cela nécessiterait 41 générations multipliées par 200 (puisque 0,5 % · 200 = 100 %), donnant 8 200 générations. À 20 ans par génération, cela représente 164 000 ans pour fixer une seule lignée génétique à travers la population humaine.

Ce calcul donne un taux de fixation d'une mutation par 8 200 générations. Comparez cela au taux bactérien d'une fixation par 1 600 générations : le taux observé de propagation génétique chez les humains, même sous la sélection sexuelle la plus extrême jamais documentée, est plus de cinq fois plus lent que le taux observé chez les bactéries de laboratoire.

La lignée chromosomique Y attribuée à Gengis Khan fournit une illustration utile de comment le succès reproductif se traduit en changement de fréquence allélique. La lignée a atteint environ 0,5 % de la population masculine mondiale – environ 16 millions d'hommes – en environ 40 générations. Si nous modélisons cette propagation en utilisant l'équation de sélection standard $\Delta p = sp(1 - p)/(1 + sp)$, nous pouvons calculer quel coefficient de sélection serait requis pour produire le changement de fréquence observé. Pour un allèle à basse fréquence, cela se simplifie à $p_{new} \approx p(1 + s)$, signifiant que la fréquence se multiplie par un facteur de $(1 + s)$ chaque génération. Les auteurs de l'étude ont rapporté un facteur de croissance moyen de 1,36 par génération, ce qui correspond à un pseudo-coefficient de sélection de $s \approx 0{,}36$.

Ce n'est pas, bien sûr, de la sélection naturelle – le chromosome Y est un marqueur neutre ne conférant aucun avantage de survie. Plutôt, cela reflète l'accès reproductif extraordinaire que la domination politique et militaire a fourni au Khan et à ses descendants masculins. Le pseudo s de 0,36 représente le plafond de ce qui est atteignable par pure monopolisation reproductive dans les populations humaines, et est 7,2 fois plus élevé que ce qui est typiquement décrit comme une sélection forte.

Considérez les trois coefficients de sélection de ces exemples :

CCR5-delta32 : s ≈ 0,05–0,07

Persistance de la lactase : s ≈ 0,04–0,10

Gengis Khan : "s" ≈ 0,36

Cette analyse contredit directement l'hypothèse sous-jacente à toutes les défenses du néo-darwinisme contre MITTENS : que des taux de mutation plus élevés dans les organismes complexes se traduisent par des taux de fixation plus rapides. Les données de Gengis Khan prouvent de manière concluante la conclusion opposée. Malgré les conditions les plus favorables imaginables pour la propagation génétique – les efforts reproductifs délibérés et systématiques du seigneur de guerre le plus puissant de l'histoire humaine – la fixation humaine procède toujours à un taux dramatiquement plus lent que ce qui a été observé chez les bactéries.

La falsification concluante

Nous avons maintenant trois points de données indépendants pour les taux de propagation génétique dans les populations humaines :

CCR5-delta32 : 39 966 générations jusqu'à la fixation avec une pression sélective extrême commençant avec un segment géographiquement concentré de la population mais sans pression subséquente.

Persistance de la lactase : 37 530 générations jusqu'à la fixation mondiale sous une pression sélective modérée mais soutenue localement.

Lignée de Gengis Khan : 8 200 générations jusqu'à la fixation sous 163 183 ans de conquête implacable, de concubinage de masse et de viol.

Et rappelez-vous, dans aucun de ces trois exemples la fixation à travers toute la race humaine n'a réellement eu lieu. Cc sont des estimations basées sur des modèles de fixation standards qui, comme on le verra, sont en fait plus rapides qu'ils ne devraient l'être.

Recalculons maintenant les chiffres MITTENS en utilisant le taux de fixation humain le plus favorable – le taux de Gengis Khan de 8 200 générations par fixation, nous obtenons un maximum de 25 mutations fixées – environ 20 millions de moins que ce qui est requis.

Quel que soit le taux de fixation humain observé que nous utilisons, le résultat est inévitablement le même : l'impossibilité mathématique de l'évolution par sélection naturelle dans le délai proposé par le néo-darwinisme est confirmée par de multiples lignes indépendantes de preuves empiriques.

Examen des objections

À ce stade, les défenseurs du néo-darwinisme se replient typiquement sur l'une de plusieurs objections. Supportez-moi pendant que j'aborde chacune à son tour, de la plus évidemment ridicule à la simplement erronée.

Objection : La fixation parallèle permet à de nombreuses mutations de se fixer simultanément.

Réponse : Le taux bactérien de 1 600 générations par fixation tient déjà compte de la fixation parallèle. Les 25 mutations observées dans l'étude de *Nature* ont été fixées en parallèle, elles n'ont pas été fixées en série ou le nombre de générations par fixation aurait été encore plus élevé. L'affirmation que la fixation parallèle peut d'une certaine manière sauver la chronologie néo-darwinienne nécessite de démontrer que les humains peuvent fixer des mutations à des taux plus rapides que les bactéries et est une affirmation directement contredite par les trois exemples humains présentés ci-dessus. De plus, les trois exemples historiques humains incorporent déjà le processus de fixation parallèle, ce qui devrait être évident pour quiconque n'est pas un néo-darwinien.

Le lecteur mathématiquement incliné peut observer que cette réponse, bien que correcte, ne fournit pas encore une contrainte quantitative rigoureuse sur la fixation parallèle. Cette contrainte est développée au Chapitre 11, où nous démontrons que le différentiel de sélection total disponible à travers toutes les mutations ségrégant simultanément ne peut pas dépasser le surplus reproductif maximum, qui est approximativement un avantage reproductif de 2 : 1. Avec une mutation bénéfique typique portant $s \approx 0{,}01$, cela limite la population à environ 100 mutations sous sélection à tout moment donné. Même en accordant ce parallélisme maximum à travers 202 500 générations effectives à 1 600 générations par fixation donne environ 12 600 fixations totales *par tous les mécanismes sélectifs combinés*, ce qui est *plus de trois ordres de grandeur en dessous des 20 millions requis.* La fixation parallèle n'est pas une trappe de sortie hypothétique; elle aussi est soudée par les mathématiques reproductives.

Objection : Des taux de mutation plus élevés chez les humains signifient que plus de mutations sont disponibles pour la sélection.

Réponse : Cette objection confond le taux de mutation avec le taux de fixation. Plus de mutations se produisant dans une population ne signifie pas que ces mutations se propagent plus rapidement à travers la population. En fait, l'opposé a été observé comme étant vrai. Dans une population géographiquement séparée avec des pressions environnementales variables, une mutation qui est avantageuse dans une région peut être neutre ou désavantageuse dans une autre, entravant plutôt qu'accélérant la fixation. L'exemple de Gengis Khan le prouve de manière concluante : malgré le taux de reproduction le plus élevé possible, le taux de fixation à l'échelle de l'espèce a procédé cinq fois plus lentement que chez les bactéries de laboratoire.

Objection : Ces exemples impliquent des mutations neutres ou faiblement sélectionnées, pas les mutations fortement bénéfiques qui conduisent l'évolution.

Réponse : Cette objection inverse les faits. La mutation CCR5-delta32 a fourni une résistance à une peste qui est estimée avoir tué jusqu'à la moitié de l'Europe, l'une des pressions sélectives les plus fortes de l'histoire humaine. La persistance de la lactase a fourni un avantage nutritionnel significatif dans les cultures d'élevage laitier. Et la lignée de Gengis Khan s'est propagée par l'effort reproductif délibéré de l'homme le plus puissant du monde. Si quoi que ce soit, ces exemples estimés et incomplets représentent les taux de fixation les plus rapides possibles, pas les taux typiques ou moyens. Les deux taux seraient considérablement plus lents.

Objection : L'évolution ne nécessite pas une fixation complète ; une fixation partielle est suffisante.

Réponse : C'est simplement faux. Cette objection revient à se retirer entièrement du modèle néo-darwinien et à l'abandonner en faveur d'une théorie de l'évolution différente et hypothétique. Si la fixation complète n'est pas requise, alors nous ne discutons plus de l'évolution par sélection naturelle telle qu'elle a été traditionnellement comprise depuis 1859. Ce modèle hypothétique impliquerait quelque chose d'autre que l'origine de l'espèce littérale, et ce quelque chose d'autre devrait être identifié, articulé et défendu selon ses propres mérites.

Objection : Le marqueur neutre et le manque de fitness

Les critiques peuvent objecter que l'exemple de Gengis Khan commet une erreur de catégorie en utilisant un marqueur neutre pour estimer la propagation de mutations bénéfiques. Le chromosome Y ne confère aucun avantage de fitness ; il s'est propagé par la conquête et la monopolisation reproductive, pas par la sélection naturelle. Les mutations bénéfiques sous pression sélective, argumentent-ils, se propagent plus rapidement que les marqueurs neutres ne dérivent.

Et c'est généralement vrai, parce que la plupart des marqueurs neutres ne dérivent pas avec le bénéfice de l'épée, du feu et du viol. Mais celui-ci en particulier l'a fait.

L'objection est précisément à l'envers. Le pseudo-coefficient de sélection de Gengis Khan de 0,36 est 7,2 fois plus élevé que le coefficient de sélection pour la persistance de la lactase, l'un des cas de sélection naturelle les plus puissants jamais observés chez les humains. Utiliser le taux du Khan n'est pas une erreur ; au contraire, c'est l'hypothèse la plus généreuse possible. Nous accordons aux néo-darwinistes un taux de propagation génétique qui n'a été atteint qu'une fois dans l'histoire humaine enregistrée, par la monopolisation reproductive la plus extrême imaginable, et ensuite nous supposons qu'il pourrait être soutenu pendant 163 000 ans par événement de fixation.

Le résultat est toujours 25 fixations – 20 millions de moins que ce qui est requis.

La réalité reproductive

L'objection de la théorie neutre peut sembler à certains une réponse sophistiquée, mais elle s'effondre à l'examen parce que les modèles mathématiques sur lesquels elle repose sont complètement déconnectés de la réalité biologique de comment les humains et autres organismes d'ordre supérieur se reproduisent réellement. Plus critiquement, la distinction entre mutations neutres et bénéfiques est non pertinente au problème central, parce que c'est un problème de débit reproductif, pas de pressions de sélection.

Les modèles standards d'évolution moléculaire traitent la fixation comme une abstraction statistique, comme un nombre qui peut être dérivé en travaillant à rebours à partir de la divergence observée entre les espèces. Si les humains et les chimpanzés diffèrent de 40 millions de paires de bases, et s'ils ont divergé il y a 9 millions d'années, alors les modèles calculent simplement quel taux de fixation serait requis pour produire ce résultat et déclarent ce taux être la valeur attendue. Ce n'est pas de la science ; c'est de l'ajustement de courbe rétroactif. Les modèles supposent intrinsèquement la conclusion qu'ils sont censés démontrer.

Quand on les presse sur les mécaniques physiques de comment ces fixations se produisent réellement, les défenseurs des modèles se replient sur des abstractions concernant les « moyennes à long terme » et les « taux rétrospectifs ». Ils vous diront que les 6,6 substitutions par an couramment citées pour la divergence humain-chimpanzé ne signifient pas que 6,6 mutations se fixent littéralement à travers toute l'espèce chaque année. Plutôt, cela représente une « moyenne rétrospective » – le résultat accumulé d'événements de fixation rares répartis sur des millions d'années. Mais c'est précisément le problème : quand vous leur demandez de démontrer que ces événements de fixation rares pourraient réellement s'accumuler à 40 millions dans le délai disponible, les modèles s'effondrent.

Voici où les modèles trahissent leur déconnexion de la réalité : *ils ne prennent pas en compte les contraintes physiques sur la reproduction dans les organismes d'ordre supérieur.*

Une femme humaine peut physiquement produire un maximum de 10–15 enfants dans une vie sous des conditions optimales. Un homme humain, même un avec un accès extraordinaire aux partenaires, est toujours contraint par la capacité reproductive totale de ses partenaires. Ce n'est pas une limitation que la pression sélective ou la dérive génétique peut surmonter. Peu importe à quel point une mutation est bénéfique, parce que qu'elle confère un léger avantage ou des pouvoirs divins de survie, elle doit toujours passer par le même goulet d'étranglement reproductif que chaque autre changement génétique. Chaque enfant né ne peut porter qu'un nombre limité d'allèles. Chaque génération ne peut transmettre qu'un nombre limité de changements génétiques à la suivante. La sélection peut déterminer *quelles* mutations se propagent, mais elle ne peut pas augmenter la *bande passante* du canal reproductif par lequel toutes les mutations doivent passer.

C'est pourquoi l'objection de la neutralité manque entièrement le point. Les critiques argumentent que la lignée de Gengis Khan s'est propagée lentement parce que c'était un marqueur neutre, et qu'une mutation véritablement bénéfique se propagerait plus rapidement parce que les porteurs auraient plus de descendants survivants. Mais « plus de descendants survivants » est toujours borné par la biologie reproductive humaine. Gengis Khan n'a pas échoué à propager ses gènes plus rapidement parce que son chromosome Y était sélectivement neutre – il a échoué parce que même avec des milliers de femmes et des décennies de conquête, la reproduction humaine a des limites physiques dures. Le mâle le plus reproductivément réussi de l'histoire humaine enregistrée n'a pu atteindre que 0,5 pour cent de fréquence mondiale en 40 générations. Aucun montant d'avantage sélectif ne peut changer ces mathématiques sous-jacentes. La contrainte n'est pas la sélection ; la contrainte est combien d'enfants les humains peuvent physiquement produire.

Quand les généticiens des populations sont forcés de recalculer en utilisant des contraintes de fixation réalistes plutôt que de remplir rétroactivement les blancs, les modèles s'effondrent. Les 6,6 substitutions par an couramment citées pour la divergence humain-chimpanzé ne sont pas un taux observé ; c'est un quotient – 40 millions de différences divisées par 6 millions d'années. Cela suppose la conclusion. Quand vous demandez comment ces fixations se sont physiquement produites dans des organismes avec des temps de génération de vingt ans et une capacité reproductive limitée, la réponse est le silence. Les modèles traitent la fixation comme une abstraction statistique qui peut être amenée à produire n'importe quel nombre requis en ajustant les paramètres après coup. Ils ne démontrent pas que le débit reproductif existe pour réellement produire 40 millions de fixations dans le temps disponible.

Les défenseurs du néo-darwinisme ont effectivement admis ce problème, même s'ils n'ont pas saisi ses implications. Ils reconnaissent que la fixation d'une seule mutation neutre dans une population avec une taille effective de 10 000 nécessite environ un million d'années. Ils reconnaissent qu'avoir 6,6 mutations entièrement fixées chaque année est mathématiquement impossible sans des millions de fixations d'une manière ou d'une autre mises en file d'attente et chevauchantes dans un pipeline imaginaire pour lequel il n'y a pas de preuve empirique directe. Ils reconnaissent que leurs modèles reposent sur des abstractions qui sont biologiquement incohérentes quand elles sont interprétées comme des descriptions de processus physiques réels.

Et pourtant, ils continuent toujours à affirmer que leurs modèles hypothétiques sont valides parce que les modèles produisent les résultats qu'ils exigent pour que la théorie néo-darwinienne semble rester valide à la lumière des preuves de la génétique humaine. Ce n'est pas de la science, c'est un raisonnement circulaire du type le plus transparent.

Cependant, nous ne discutons pas de la propagation d'une seule mutation. Les différences génétiques entre les humains et les chimpanzés nécessitent qu'environ 40 millions de mutations soient devenues fixées. Chacune de ces 40 millions de mutations a dû passer par le goulet d'étranglement reproductif, une génération à la fois, une naissance à la fois, un individu à la fois. Les modèles qui postulent des milliers de changements de fréquence simultanés supposent simplement ces changements en existence sans se confronter aux mathématiques reproductives qui seraient requises pour les produire. Quand on leur demande de montrer le mécanisme par lequel ces changements se produisent dans des organismes qui se reproduisent sexuellement, ont de longs temps de génération, et ne peuvent produire qu'un nombre limité de descendants, les modèles restent silencieux.

Ils ne prennent tout simplement pas en compte les facteurs nécessaires.

Les modèles bactériens qui fournissent la seule preuve empirique directe pour les taux de fixation sont encore moins applicables au problème. *E. coli* peut se diviser toutes les 20 minutes dans des conditions optimales, produisant des milliards de descendants en jours. Une seule bactérie avec une mutation bénéfique peut, par fission binaire, produire directement toute la population qui porte cette mutation. Il n'y a pas d'accouplement, pas de recombinaison, pas de limitation sur la production reproductive au-delà de la disponibilité des nutriments. Quand nous observons 25 mutations se fixer en 40 000 générations bactériennes, nous observons un processus qui n'a pas d'analogue dans les organismes se reproduisant sexuellement avec de longs temps de génération et des contraintes sévères sur la production de descendants. Le taux de fixation bactérien est plus rapide que le taux humain parce que les bactéries ne font face à aucun goulot d'étranglement reproductif, et pourtant même ce taux relativement rapide est insuffisant pour expliquer 20 millions de mutations fixées dans le délai disponible.

L'affirmation que des paysages sélectifs divers peuvent accélérer la divergence génomique par l'adaptation locale ne fait pas mieux. Cet argument suggère que différentes populations peuvent indépendamment évoluer des mutations bénéfiques adaptées à leurs conditions locales, créant un pool de variation génétique pré-testée à l'échelle de l'espèce. Mais cela nécessite que ces mutations évoluées localement se propagent d'une manière ou d'une autre au reste de l'espèce, ce qui nous ramène au problème de la fixation et au goulot d'étranglement reproductif par lequel chaque mutation doit passer. Une mutation qui apparaît dans une population et n'est avantageuse que dans cet environnement local ne se propagera pas aux populations où elle ne confère aucun avantage. Et si une mutation est universellement avantageuse, nous revenons à la question de comment elle se fixe à travers une espèce géographiquement distribuée, une naissance à la fois, à travers des parents qui ne peuvent produire qu'un nombre limité d'enfants.

De plus, l'idée que différentes populations peuvent indépendamment évoluer les mêmes nouveaux gènes bénéfiques n'est soutenue par aucune preuve observée. L'exemple de la persistance de la lactase est instructif ici : différentes populations ont effectivement évolué la persistance de la lactase indépendamment, mais par des mutations *différentes*. L'allèle européen LCT-13910*T n'est pas le même que les allèles de persistance de la lactase d'Afrique de l'Est ou du Moyen-Orient. Ce n'est pas un cas de la même mutation apparaissant en parallèle ; c'est un cas de différentes mutations produisant des effets phénotypiques similaires, ce qui ne fait absolument rien pour résoudre le problème de la fixation pour une mutation individuelle. Chacune de ces mutations séparées a toujours dû se propager à travers sa population respective, contrainte par les mêmes limites reproductives.

Les modèles mathématiques sous-jacents à l'objection de la neutralité ne sont rien de plus que des abstractions numériques qui n'ont jamais, jamais, été validées contre les contraintes physiques de la reproduction dans les organismes d'ordre supérieur. Ils sont encore moins valides, encore moins empiriquement réels, qu'une tentative d'économiste de mesurer l'inflation ou la croissance économique. Ils traitent les fréquences alléliques comme des variables qui peuvent être ajustées par la sélection sans jamais demander si la bande passante reproductive existe même pour produire les changements de fréquence requis. Ils travaillent à rebours à partir de la divergence observée pour calculer un taux de fixation requis, puis affirment que ce taux est la valeur attendue sans jamais démontrer qu'il est physiquement réalisable. Ils supposent que les mutations bénéfiques se propagent plus vite que les neutres tout en ignorant que les deux sont bornées par le même plafond absolu sur la production reproductive. Et ils invoquent des dynamiques bactériennes qui sont inapplicables aux organismes avec reproduction sexuelle, longs temps de génération, et limites dures sur le nombre de descendants qui peuvent être produits.

Quand nous nous tournons des modèles vers les données observées des trois exemples référencés, CCR5-delta32, persistance de la lactase, et la lignée de Gengis Khan, nous trouvons que la propagation génétique chez les humains procède à des taux cohérents avec MITTENS, pas avec les modèles théoriques construits pour sauver le néo-darwinisme de ses difficultés mathématiques. Le goulot d'étranglement n'est pas la sélection. Le goulot d'étranglement n'est pas la taille de la population. Le goulot d'étranglement est l'acte physique de reproduction lui-même.

Aucune abstraction mathématique ou modèle ne peut vaincre la réalité observable qu'une seule femme ne peut porter qu'un nombre fini d'enfants.

Conclusion

MITTENS, l'Impossibilité Mathématique de la Théorie de l'Évolution par Sélection Naturelle, n'est pas simplement un argument théorique basé sur des données bactériennes qui peuvent ou non s'appliquer aux organismes complexes. Au contraire, elle a été confirmée par de multiples observations indépendantes de propagation génétique historique à travers des populations humaines réelles. Que nous examinions les mutations de résistance aux maladies, les adaptations nutritionnelles, ou l'héritage génétique de l'individu le plus reproductivément réussi de l'histoire humaine, nous trouvons le même résultat : les mutations ne se propagent pas et ne peuvent pas se propager à travers les populations humaines aux taux requis par la Synthèse Moderne pour expliquer l'origine de l'espèce humaine.

Non seulement la science est établie, les mathématiques sont établies aussi.

Le néo-darwinisme a été réduit à des arguments purement ontologiques, à des appels à ce qui aurait pu possiblement arriver sous des conditions imaginées qui n'ont jamais réellement été observées par les biologistes ou quiconque d'autre. Les données empiriques sont sans ambiguïté : la théorie de l'évolution par sélection naturelle, telle qu'elle est actuellement formulée, est mathématiquement impossible étant donné les taux observés de changement génétique réel dans les organismes complexes.

Quel genre d'avantage de fitness pouvez-vous possiblement imaginer qui serait plus puissant que l'avantage de sélection sexuelle que le littéralement rapace Khan des Khans lui-même était historiquement connu pour utiliser ? Si même Gengis Khan ne pouvait pas propager ses gènes à travers la population humaine à un taux suffisant pour satisfaire les exigences de la théorie néo-darwiniste, alors aucune quantité de sélection naturelle ne pourrait possiblement le faire.

L'impossibilité mathématique de la théorie de l'évolution par sélection naturelle n'a pas simplement été démontrée ici ; elle a été prouvée de manière concluante et complète par l'héritage génétique de nul autre que Gengis Khan lui-même.

Chapitre 9
Les Deux Échappatoires

La théorie neutre n'est pas antagoniste à la conception chère que l'évolution de la forme et de la fonction est guidée par la sélection darwinienne, mais elle met en lumière une autre facette du processus évolutif en soulignant le rôle bien plus important de la pression mutationnelle et de la dérive aléatoire au niveau moléculaire.

– Motoo Kimura, *The Neutral Theory of Molecular Evolution*, 1983

Ce chapitre se propose d'élucider pourquoi ni la fixation parallèle ni la théorie neutre, les deux premières retraites néo-darwiniennes face aux insuffisances mathématiques de la sélection naturelle, ne sauraient résoudre l'aporie de la fixation populationnelle de l'évolution.

Confrontés à l'impossibilité mathématique d'une fixation mutationnelle suffisante dans les délais évolutifs disponibles, les défenseurs du néo-darwinisme se retranchent généralement derrière l'une de deux positions. La première est l'affirmation selon laquelle la fixation parallèle – plusieurs mutations bénéfiques se propageant simultanément à travers une population – éluderait en quelque sorte les contraintes démontrées dans les chapitres précédents. La seconde est un appel à la théorie neutre, qui propose que la majeure partie de l'évolution moléculaire s'effectue par dérive génétique aléatoire plutôt que par sélection naturelle, évitant ainsi prétendument les coûts associés aux balayages sélectifs.

Ces deux échappatoires se dérobent à l'examen. Plus important encore, un appel à la théorie neutre représente non pas une défense du néo-darwinisme mais un reniement pur et simple. Le repli de la sélection vers la dérive est un repli par rapport à Darwin lui-même. Quand les biologistes évolutionnistes invoquent la dérive génétique pour expliquer la divergence moléculaire, ils actent l'impuissance du mécanisme proposé par Darwin – la sélection naturelle agissant sur la variation héréditaire – à accomplir la tâche escomptée.

L'Objection de la Fixation Parallèle

L'argument de la fixation parallèle est le suivant : bien qu'une seule mutation puisse prendre de nombreuses générations à se fixer, plusieurs mutations bénéfiques peuvent se propager simultanément à travers une population. Si une population peut fixer dix mutations en parallèle, alors le taux effectif de changement évolutif est décuplé. Avec suffisamment de parallélisme, soutient l'objection, le problème de fixation se dissout.

Cet argument recèle une erreur fondamentale : il ignore le plafond reproductif qui contraint toute sélection agissant simultanément sur une population. La sélection opère par reproduction différentielle – les individus portant des mutations bénéfiques doivent, en moyenne, produire davantage de descendants survivants que ceux qui n'en ont pas. Or la capacité reproductive est finie. Un organisme ne peut produire qu'un nombre limité de descendants, et ces descendants font face à leurs propres contraintes de survie.

J.B.S. Haldane a reconnu cette contrainte dans son article fondateur de 1957 sur le fardeau de la sélection naturelle. Il a calculé que pour les organismes à faibles taux de reproduction – ce qui inclut la plupart des mammifères – le taux maximum soutenable de substitution génétique est d'environ une substitution par 300 générations. Cette limite existe parce que chaque substitution nécessite ce que Haldane appelait des « morts sélectives » : l'élimination différentielle des individus dépourvus de l'allèle bénéfique. Une population ne peut supporter qu'un certain nombre de morts sélectives avant de faire face à l'extinction. Haldane a estimé que les populations de mammifères pouvaient typiquement supporter environ 10 % de mortalité sélective par génération, d'où son fameux chiffre d'une substitution par 300 générations.

Les mathématiques peuvent s'exprimer simplement. Si nous désignons le coefficient de sélection de la mutation i comme s_i, et l'intensité totale de sélection maximale qu'une population peut soutenir comme s_{max}, alors :

$$\Sigma s_i \leq s_{max}$$

Cette contrainte est inviolable. On ne peut sélectionner simultanément plus de mutations bénéfiques que ce que l'excédent reproductif de la population peut supporter. Tenter de le faire signifie simplement que certaines ou toutes les mutations échouent à se fixer, ou que la population s'effondre. Les coefficients de sélection doivent s'additionner à un total n'excédant pas ce que la population peut supporter, quel que soit le nombre de loci sous sélection.

Le problème s'aggrave quand nous considérons l'interférence entre les loci sélectionnés. Quand plusieurs mutations bénéfiques ségrègent dans la même population, elles entrent en compétition les unes avec les autres pour la fixation. Ce phénomène, connu sous le nom d'interférence Hill-Robertson, signifie que la sélection parallèle est en fait moins efficace que ne le suggère le modèle additif simple. Ralph et Coop ont démontré dans leur article de 2010 paru dans *Genetics* que quand plusieurs mutations bénéfiques apparaissent dans une population géographiquement étendue, elles peuvent chacune « atteindre rapidement une fréquence intermédiaire, empêchant qu'une seule ne balaie rapidement vers la fixation à l'échelle globale ». Le résultat est un « balayage doux » plutôt que la fixation nette que requièrent les modèles évolutionnaires.

Les mathématiciens au symposium Wistar de 1966 comprenaient parfaitement ces contraintes. Stanislaw Ulam, l'un des grands esprits mathématiques du vingtième siècle et co-inventeur de la bombe à hydrogène, a énoncé le problème avec une clarté caractéristique :

> *Il semble que cela nécessite plusieurs milliers, peut-être des millions, de mutations successives pour produire même la plus facile des complexités que nous voyons dans la vie maintenant. Il apparaît, naïvement du moins, que peu importe à quel point la probabilité d'une seule mutation est grande, même si elle était aussi grande qu'une moitié, vous obtiendriez cette probabilité élevée à la puissance un million, ce qui est si proche de zéro que les chances d'une telle chaîne semblent être pratiquement inexistantes.*

Les biologistes présents à Wistar n'avaient pas de réponse à ce défi mathématique. Ils ne pouvaient qu'affirmer que l'évolution s'était produite, pas démontrer comment elle aurait pu se produire dans les contraintes mathématiques. Près de soixante ans plus tard, la situation ne s'est pas améliorée.

L'objection de la fixation parallèle, en bref, confond la capacité de travailler sur plusieurs mutations simultanément avec la capacité de les fixer plus rapidement. Le plafond reproductif garantit que la sélection parallèle ne vous achète rien. Que vous sélectionniez pour une mutation ou cent, les morts sélectives totales par génération restent contraintes par ce que la population peut supporter.

La Trappe de Sortie de la Théorie Neutre

La seconde trappe de sortie est la théorie neutre, proposée par Motoo Kimura en 1968 comme réponse directe à l'argument du coût de Haldane. Kimura a observé que le taux d'évolution moléculaire semblait bien trop élevé pour être expliqué par la sélection naturelle étant donné les contraintes de Haldane. Sa solution était radicale : la plupart de l'évolution moléculaire, proposa-t-il, n'est pas du tout adaptative. Au lieu de cela, la majorité des mutations qui atteignent la fixation sont sélectivement neutres – elles n'aident ni ne nuisent à l'organisme – et se propagent à travers les populations par dérive génétique aléatoire plutôt que par sélection.

Kimura était explicite sur sa motivation. Dans son article fondateur de 1968 dans *Nature*, il écrivit : « Calculer le taux d'évolution en termes de substitutions nucléotidiques semble donner une valeur si élevée que beaucoup des mutations impliquées doivent être des mutations neutres. » Il élabora cette vue dans une revue de 1991 dans le *Japanese Journal of Genetics* :

> *Cette théorie neutre affirme que l'écrasante majorité des changements évolutifs au niveau moléculaire ne sont pas causés par la sélection agissant sur des mutants avantageux, mais par la fixation aléatoire de mutants sélectivement neutres ou presque neutres par l'effet cumulatif de la dérive d'échantillonnage (due au nombre fini de population) sous l'apport continu de nouvelles mutations.*

Avant d'examiner si la théorie neutre résout réellement le problème de fixation, nous devons nous arrêter pour noter quelque chose d'extraordinaire : ceci n'est pas du darwinisme. Tout l'édifice de la théorie néo-darwinienne repose sur le pouvoir créatif de la sélection naturelle. L'intuition centrale de Darwin était que le succès reproductif différentiel – la sélection – pouvait accumuler de petites variations en adaptations complexes. Retirez la sélection de l'équation, et vous avez retiré Darwin.

L'Abandon de Darwin

Ce point ne peut être assez souligné. Quand les biologistes évolutionnistes se replient sur la théorie neutre ou la dérive génétique pour expliquer l'évolution moléculaire, ils ne défendent pas le darwinisme ou même le néo-darwinisme – ils l'abandonnent. La théorie de l'évolution par sélection naturelle fait une affirmation spécifique : que le design apparent dans les organismes vivants provient de l'action cumulative de la sélection préservant les variations bénéfiques et éliminant les nuisibles. Vous avez déjà vu de nombreuses citations des scientifiques les plus influents de l'histoire faisant des affirmations grandiloquentes sur la sélection naturelle et les diverses conséquences logiques et philosophiques qui en découlent.

La dérive génétique ne fait pas une telle affirmation. La dérive est, par définition, aléatoire par rapport à la fitness. Une mutation qui se fixe par dérive le fait non pas parce qu'elle a amélioré quoi que ce soit mais parce qu'elle a eu de la chance.

Charles Darwin n'a pas proposé la théorie de l'évolution par dérive génétique. Il a proposé la théorie de l'évolution par sélection naturelle. La synthèse moderne qui a formé le néo-darwinisme au milieu du vingtième siècle était construite sur le pouvoir créatif de la sélection, avec la dérive reléguée à un rôle mineur dans les très petites populations. La théorie neutre inverse cela entièrement, faisant de la dérive le moteur principal du changement moléculaire et reléguant la sélection à des épisodes adaptatifs occasionnels.

Le tour de passe-passe rhétorique employé par les néo-darwinistes est remarquable pour sa malhonnêteté observable. Quand on les presse sur comment les adaptations complexes apparaissent, ils invoquent le pouvoir de la sélection naturelle – la survie non aléatoire de variants aléatoires. Richard Dawkins l'a dit mémorablement dans *Climbing Mount Improbable* (1996) : « Le darwinisme n'est pas une théorie du hasard aléatoire. C'est une théorie de la mutation aléatoire plus la sélection naturelle cumulative non aléatoire. » C'est correct comme description du néo-darwinisme. Mais quand on les presse sur comment les organismes peuvent accumuler les mutations nécessaires étant donné les contraintes mathématiques, ces mêmes défenseurs invoquent la théorie neutre et la dérive, qui sont toutes deux explicitement des théories du hasard aléatoire, entièrement sans rapport avec la main guidante invisible de la sélection.

Les biologistes évolutionnistes ne peuvent pas avoir les deux. Soit la sélection est la force créatrice qui construit les adaptations complexes, auquel cas le coût de Haldane s'applique et le problème de fixation est réel ; soit la dérive est le mécanisme principal de l'évolution moléculaire, auquel cas vous avez entièrement abandonné l'explication néo-darwinienne de la complexité. La tentative d'invoquer la sélection quand c'est commode et la dérive quand c'est nécessaire n'est pas une théorie scientifique, mais une stratégie infalsifiable d'appât et substitution qui permet à l'évolutionniste d'échapper à toute contrainte quantitative en changeant de mécanismes évolutifs chaque fois qu'il se fait prendre.

Imaginez un accusé au tribunal qui prétend avoir été à Paris quand le crime s'est produit, mais quand on lui présente des preuves qu'il était à Londres, change pour prétendre qu'il dormait dans son hôtel tout le temps. Une telle défense serait rejetée avec mépris par le tribunal. Pourtant c'est précisément comment le néo-darwinisme opère : quand la sélection échoue aux mathématiques, invoquez la dérive ; quand la dérive échoue à expliquer la fonction, invoquez la sélection. La théorie est protégée de la falsification non par les preuves mais par l'équivocation.

Les Propres Problèmes de la Théorie Neutre

Cependant, même en mettant de côté l'incohérence logique d'invoquer la dérive pour défendre la sélection, la théorie neutre échoue à résoudre le problème de fixation selon ses propres termes. Les mathématiques de la dérive sont bien comprises, et elles ne favorisent pas l'évolutionniste.

Une fois de plus, nous avons la preuve que les biologistes ne comprennent tout simplement pas les mathématiques sous-jacentes à la science à laquelle ils font appel.

Pour une mutation neutre, la probabilité de fixation éventuelle égale sa fréquence initiale dans la population. Une nouvelle mutation présente en une seule copie dans une population diploïde de N individus a une fréquence de $1/(2N)$ et donc une probabilité de fixation de $1/(2N)$. Le temps attendu à la fixation pour un allèle neutre qui se fixe est approximativement $4N_e$ générations, où N_e est la taille effective de population.

Pour les humains, avec une taille de population effective estimée autour de 10 000, cela signifie que la fixation neutre prend approximativement 40 000 générations – environ 800 000 ans à 20 ans par génération. Comparez ceci à une mutation bénéfique avec coefficient de sélection s = 0,01, qui se fixerait en approximativement 2 000 générations sous sélection. La dérive n'est pas plus rapide que la sélection ; elle est dramatiquement plus lente pour toute mutation individuelle.

La solution apparente de la théorie neutre au problème de taux vient non pas d'une fixation plus rapide mais d'un autre tour comptable. Sous la théorie neutre, le taux de substitution neutre égale le taux de mutation neutre μ, indépendant de la taille de population. C'est parce que tandis que les populations plus grandes ont plus de mutations apparaissant, chaque mutation a une probabilité proportionnellement plus faible de fixation, et ces effets s'annulent. Le résultat est une horloge moléculaire qui tic-taque à un taux déterminé uniquement par le taux de mutation.

Mais cette élégance mathématique vient à un coût dévastateur : elle ne peut expliquer que les changements neutres. Les différences entre les humains et les chimpanzés ne sont pas simplement des différences de séquence neutres ; elles incluent des différences fonctionnelles dramatiques dans le développement cérébral, la structure squelettique, la fonction immunitaire, la capacité de langage, et d'innombrables autres traits. Ces différences fonctionnelles nécessitent des mutations adaptatives – des mutations qui ont été sélectionnées parce qu'elles faisaient quelque chose d'utile. Et les mutations adaptatives restent sujettes au coût de Haldane.

Kimura lui-même a reconnu cette limitation. La théorie neutre n'a jamais été destinée à expliquer l'adaptation ; elle était destinée à expliquer le taux de fond du changement moléculaire. Les différences fonctionnelles qui rendent un humain différent d'un chimpanzé ne peuvent pas être attribuées à la dérive. Elles nécessitent la sélection. Et la sélection nécessite de payer le coût de Haldane.

Le Dilemme Reformulé

L'évolutionniste est pris entre le marteau et l'enclume. Il fait face à un dilemme impossible. Attribuez l'évolution moléculaire à la sélection, et vous ne pouvez pas expliquer le taux. Attribuez-la à la dérive, et vous ne pouvez pas expliquer la fonction. La réponse standard du biologiste évolutionniste d'appliquer la sélection pour les changements fonctionnels et la dérive pour les neutres n'accomplit rien de plus que combiner les deux problèmes sans en résoudre aucun.

Considérez la divergence humain-chimpanzé. Les génomes diffèrent d'environ 4–5% quand les insertions et délétions sont incluses. Si nous supposons que seulement 10% de ces différences sont fonctionnelles et donc sujettes à sélection, cela nécessite toujours des centaines de milliers de substitutions adaptatives dans les environ 300 000–500 000 générations depuis la divergence. À la Limite de Haldane d'une substitution par 300 générations, nous pourrions accomplir au plus 1 000–1 700 substitutions adaptatives. Nous sommes encore courts d'un facteur de cent ou plus.

Invoquer la théorie neutre pour les 90% restants de différences n'aide pas. Ces substitutions neutres, se fixant par dérive sur 40 000 générations chacune, nécessiteraient des événements de fixation chevauchants à un degré invraisemblable – et elles ne contribueraient en rien à expliquer les différences fonctionnelles qui distinguent réellement les humains des chimpanzés. Les changements neutres sont, par définition, non pertinents à la question de comment les adaptations spécifiquement humaines sont apparues.

Même Alanis Morissette reconnaîtrait l'ironie. Les néo-darwinistes fuient vers la théorie neutre pour échapper aux contraintes mathématiques sur la sélection et sauver la Synthèse Moderne, mais la théorie neutre rend leur problème beaucoup *pire*, pas meilleur. Le modèle théorique de Kimura pour une mutation bénéfique avec $s = 0{,}01$ se fixe en 1 981 générations. Le modèle de Kimura indique aussi qu'une mutation neutre se fixe en 40 000 générations, plus de vingt fois plus lentement.

Et crucialement, le goulet d'étranglement reproductif s'applique également aux deux.

Qu'un allèle se propage parce que les porteurs surpassent les non-porteurs en reproduction, ou qu'il dérive simplement aléatoirement à travers le pool génétique, il doit toujours se propager à travers une population où seulement 45 pour cent se renouvelle à chaque génération réelle. La correction du chevauchement des générations ne se soucie pas de *pourquoi* l'allèle se propage. La dérive génétique ne contourne pas la contrainte Bio-Cycle ; elle est *encore plus contrainte* par elle, parce que la dérive manque de la force accélératrice de la sélection qui pousse les allèles bénéfiques vers la fixation plus vite que le hasard seul ne le permettrait.

Courir vers la théorie neutre n'ouvre pas une trappe de sortie pour le néo-darwiniste moderne, cela ferme la porte et la soude sur lui.

L'Objection de la Variation Permanente

Une objection connexe soutient que l'évolution peut puiser dans la « variation génétique permanente » – des allèles bénéfiques déjà présents dans la population à basses fréquences – plutôt que d'attendre que de nouvelles mutations apparaissent. Puisque ces allèles sont déjà présents en plusieurs copies, ils peuvent se propager plus rapidement qu'une seule nouvelle mutation.

Cette objection a du mérite pour expliquer l'adaptation rapide à de nouveaux environnements, comme l'évolution de la résistance aux antibiotiques à partir de variants préexistants. Les expériences de laboratoire ont démontré que les populations peuvent s'adapter rapidement quand les variants nécessaires sont déjà en train de ségréger. Mais cette observation ne peut pas résoudre le problème de fixation pour l'origine d'adaptations nouvelles.

La variation permanente est, par définition, variation qui existe déjà. Elle ne peut pas expliquer l'origine de nouvelles séquences fonctionnelles qui n'ont jamais existé auparavant. Les mutations qui distinguent les cerveaux humains des cerveaux de chimpanzés n'étaient pas en embuscade dans la population ancestrale attendant d'être sélectionnées. Elles ont dû apparaître de novo, et chaque mutation de novo fait face au coût complet de substitution. La variation permanente explique comment les populations s'adaptent aux défis environnementaux récurrents en utilisant des solutions pré-testées; elle n'explique pas comment ces solutions ont originé en premier lieu.

De plus, la variation permanente est sujette au même plafond reproductif que les nouvelles mutations. Qu'un allèle bénéfique commence à fréquence $1/(2N)$ ou à fréquence 0,01, les morts sélectives requises pour l'amener à la fixation restent substantielles. La variation permanente peut fournir une avance, mais elle ne peut pas contourner les mathématiques de Haldane. Le coût doit toujours être payé; il est simplement payé à partir d'un point de départ légèrement différent.

Il y a aussi un problème plus profond avec l'argument de la variation permanente. Si des allèles bénéfiques ont ségrégé dans la population pendant de nombreuses générations sans se fixer, c'est parce qu'ils n'étaient pas bénéfiques dans l'environnement antérieur – ou du moins pas assez bénéfiques pour surmonter la dérive. Cela signifie que la variation permanente disponible pour l'adaptation rapide consiste principalement en allèles conditionnellement neutres qui ne deviennent bénéfiques que quand l'environnement change. De tels allèles ne peuvent pas expliquer l'origine d'adaptations complexes qui ont nécessité de nombreux changements coordonnés sur de longues échelles de temps évolutives.

Conclusion

Aucune trappe de sortie ne réussit. La fixation parallèle se heurte au plafond reproductif qui limite l'intensité totale de sélection. La théorie neutre abandonne entièrement le mécanisme darwinien tout en échouant à expliquer la divergence fonctionnelle. La variation permanente peut accélérer l'adaptation aux variants existants mais ne peut pas expliquer l'origine d'une complexité nouvelle. La théorie presque neutre prédit la dégradation génomique dans les petites populations plutôt que l'accumulation d'adaptations complexes.

Le schéma est trop typique. Confrontés à l'impossibilité mathématique de leur théorie, les néo-darwinistes n'abandonnent pas la théorie comme ils le devraient. Au lieu de cela, ils invoquent des mécanismes alternatifs comme la dérive, la neutralité, et la variation permanente qui contredisent explicitement l'affirmation darwinienne originale que la sélection est la force créatrice dans l'évolution. Ils défendent Darwin en l'abandonnant, et ils échappent aux mathématiques de la sélection en se repliant sur des mécanismes qui ne peuvent pas expliquer ce que la sélection était supposée expliquer.

Mais leurs évasions ne peuvent pas les aider parce qu'ils ne réalisent pas que les problèmes mathématiques de leurs alternatives proposées sont encore pires que ceux pour la sélection naturelle.

Les problèmes mathématiques identifiés au symposium Wistar de 1966 restent non résolus près de six décennies plus tard. En effet, ils sont seulement devenus plus aigus alors que les données génomiques ont révélé l'échelle réelle des différences entre les espèces. Ce que Ulam appelait des probabilités « pratiquement inexistantes » restent pratiquement inexistantes, peu importe combien d'épicycles la théorie accumule.

L'observation originale de Kimura reste valide : le taux d'évolution moléculaire est trop élevé pour être expliqué par la sélection naturelle étant donné le coût de Haldane. Sa solution proposée – la théorie neutre – peut expliquer certains aspects de la divergence moléculaire, mais elle ne peut pas expliquer l'adaptation. Les différences fonctionnelles entre les espèces nécessitent la sélection, et la sélection nécessite de payer un coût que le temps disponible ne peut pas se permettre.

La réponse correcte à ces contraintes mathématiques n'est pas d'invoquer la dérive quand la sélection échoue et la sélection quand la dérive échoue, mais plutôt de reconnaître que le mécanisme néo-darwinien, quels que soient ses autres mérites, est quantitativement inadéquat pour expliquer le taux et le schéma observés du changement évolutif.

Les trappes de sortie sont verrouillées, et le bâtiment est en feu.

Chapitre 10
La marche funèbre de la dérive

Nous constatons que l'accumulation de nouvelles mutations légèrement délétères modifie fondamentalement l'échelle temporelle de l'extinction, abaissant la taille effective génétique à un degré tel que même de grandes métapopulations peuvent être menacées d'extinction.

– Kaitlyn Higgins et Michael Lynch, « Metapopulation extinction caused by mutation accumulation », *PNAS 98*, 2001

Lors de la réception initiale de ce livre, il est apparu clairement que les fidèles moins perspicaces de la Bioéglise de la Synthèse Moderne se montraient manifestement incapables de comprendre que : a) la fixation parallèle est déjà incluse dans le chiffre de 1 600 générations par fixation, b) la manière dont la loi des grands nombres et la Barrière de Bernoulli excluent tout recours à la fixation parallèle, et c) le fait que la théorie neutraliste n'a rien à voir avec la fixation parallèle, qu'elle ne constitue ni évolution ni adaptation, et qu'elle ne peut donc servir à défendre le néo-darwinisme.

C'est pourquoi j'ai ajouté ce chapitre pour traiter d'un concept inexistant, connu uniquement des généticiens des populations autoproclamés, qu'ils appellent « dérive parallèle ».

Cette démonstration de l'ignorance incohérente de ce type de défenseur profane de Darwin ne constitue pas une attaque contre un épouvantail. Au contraire, la dérive parallèle est invoquée de façon répétée par des gens qui répètent des choses qu'ils ont entendues sans les avoir comprises. Voici par exemple l'explication absurde que Grok a fournie du consensus scientifique dominant :

Point de vue dominant : La plupart des différences se sont accumulées par des processus neutres ou quasi neutres en parallèle (taux ≈ taux de mutation), sans nécessiter de temps de dérive par permutation comme celui-ci – s'inscrivant aisément dans le cadre temporel disponible.

C'est peut-être le point de vue dominant, mais ce n'est pas celui des scientifiques compétents qui travaillent sur ces questions. J'ai rédigé ce chapitre à l'intention des défenseurs assiégés de la théorie évolutionniste qui se sont repliés de la sélection naturelle vers l'idée d'une évolution par dérive génétique. Ils ignorent manifestement que la dérive est, par définition, entièrement aléatoire. Elle n'a ni direction, ni finalité, ni tendance à l'amélioration ou au changement signifiant. Elle ne peut distinguer entre une mutation qui construit un cerveau et une mutation qui détruit un rein. Ce n'est que du bruit statistique. Tout l'argument de Darwin, et l'élément dangereux de son idée, était que la sélection naturelle *fournit un mécanisme non aléatoire pour expliquer l'apparence de dessein.*

C'était là son idée révolutionnaire : l'affirmation qu'on n'a pas besoin d'un concepteur parce que la sélection filtre les variations générées aléatoirement de manière non aléatoire, préservant ce qui fonctionne et éliminant ce qui ne fonctionne pas.

La dérive, en revanche, ne préserve rien. Elle ne s'adapte à rien. Mais ces défenseurs de cette non-évolution non darwinienne se sont néanmoins mis à insister sur le fait que les mutations peuvent se propager dans les populations par le seul hasard, se fixant 44 fois par génération, sans nécessiter aucune sélection naturelle. C'est ce qu'ils entendent lorsqu'ils invoquent des processus « neutres » ou « majoritairement neutres » opérant « en parallèle ». Sans en avoir conscience, ils font appel au modèle de fixation élaboré par Kimura et à sa révision ultérieure par Tomoko Ohta, bien qu'aucun des deux modèles ne soit capable d'accomplir ce qu'on prétend qu'ils font.

Ce chapitre explique pourquoi cette issue de secours échoue. Si vous désactivez la sélection naturelle pour éviter MITTENS, vous créez un problème considérablement plus difficile : vous devez expliquer comment l'espèce humaine existe tout court, compte tenu de la vitesse à laquelle les mutations délétères se propagent dans une population par rapport aux mutations neutres. Ce chapitre explique également pourquoi, si vous parlez de dérive et de fixation parallèle en même temps, vous ne savez pas de quoi vous parlez.

Les mathématiques sont assez simples pour que quiconque puisse les suivre. À la fin de ce chapitre, vous comprendrez pourquoi l'appel à la dérive parallèle est non seulement incohérent, mais constitue une condamnation à mort pour l'espèce plutôt qu'une bouée de sauvetage pour Darwin.

Le problème auquel ils tentent d'échapper

Les humains et les chimpanzés diffèrent d'environ 40 millions de modifications génétiques. 20 millions d'entre elles se sont produites sur la lignée humaine depuis notre divergence d'un ancêtre commun il y a environ 9 millions d'années.

La sélection naturelle est censée expliquer comment ces 20 millions de modifications se sont accumulées. La théorie affirme que les mutations bénéfiques aident les organismes à survivre et à se reproduire, de sorte que ces mutations se propagent dans la population au fil du temps.

Mais la sélection naturelle a une limite de vitesse. Elle opère par la reproduction – les organismes porteurs de bonnes mutations ont plus de descendants que les organismes qui en sont dépourvus. Le problème est que les organismes n'ont qu'un nombre limité de descendants. Une femelle humaine peut avoir 10 enfants au cours de sa vie ; la moyenne se situe autour de 2. Cela impose une limite stricte à la vitesse à laquelle la sélection peut opérer.

Comme vous l'avez vu, la sélection naturelle peut produire, au maximum, une fixation mutationnelle toutes les 1 600 générations. À ce rythme, corrigé pour les générations chevauchantes du monde réel, cela représente 127 modifications génétiques au total dans le temps disponible. Les 19 999 873 autres modifications demeurent inexpliquées.

Nous savons donc que la sélection naturelle ne peut expliquer la divergence humain-chimpanzé. Les chiffres ne concordent pas.

Le repli vers la dérive parallèle

Confrontés à ce problème manifeste, certains des défenseurs moins perspicaces de l'évolution se sont repliés vers un mécanisme imaginaire de changement génétique : les processus neutres en parallèle.

La dérive est simple à comprendre. Dans toute population, certains individus ont plus d'enfants que d'autres simplement par chance – non pas parce qu'ils sont meilleurs ou pires, mais par pur hasard. Sur de nombreuses générations, ce caractère aléatoire peut faire qu'une mutation se propage dans toute la population ou disparaisse entièrement. Et tout cela se produit simultanément, sans ces contraintes linéaires gênantes.

La différence clé avec la sélection naturelle est que la dérive n'exige pas que la mutation soit bénéfique. Elle agit sur n'importe quelle mutation, bonne, mauvaise ou neutre, uniquement par le biais du hasard. Et puisque des mutations surviennent à chaque naissance, et parce qu'il y a bien plus de mutations neutres que de mutations bénéfiques, cela offre la possibilité hypothétique de compenser le déficit observé de la sélection naturelle.

L'attrait de cet argument est évident. Si la dérive n'exige pas de mutations bénéfiques, alors peut-être peut-elle opérer plus vite que la sélection. Peut-être que de nombreuses mutations peuvent toutes dériver à travers la population en même temps, en parallèle, sans entrer en compétition pour le même surplus reproductif limité que nécessite la sélection naturelle.

C'est la porte de sortie qu'ils tentent d'emprunter, alors même que nous avons déjà prouvé qu'elle n'est pas une option. Mais ce sont des mathématiques abstraites, et les mathématiques abstraites sont difficiles. Voyons donc ce qui se passe lorsque nous suivons leur logique contournée jusqu'à sa conclusion correcte.

L'hypothèse cachée

Voici ce que l'argument de la dérive exige nécessairement : la sélection naturelle doit être effectivement désactivée.

Réfléchissez-y. Si la sélection opère toujours, alors les mutations bénéfiques conservent un avantage, et nous revenons au plafond reproductif qui limite le nombre de mutations pouvant se propager simultanément. Tout l'intérêt d'invoquer la dérive est d'échapper à ce plafond.

Ainsi, qu'il en soit conscient ou non, le défenseur de la dérive affirme : « La sélection n'opère pas. Les mutations se propagent uniquement par pur hasard. »

Mais voici ce qu'ils oublient toujours : si la sélection n'opère pas sur les mutations bénéfiques, *elle n'opère pas non plus sur les mutations délétères.*

On ne peut pas avoir les deux à la fois. On ne peut affirmer « la sélection est désactivée » quand cela sert son argument et « la sélection est activée » quand les mutations délétères menacent de s'accumuler. Soit la sélection opère, soit elle n'opère pas.

Si la sélection est désactivée, alors les mutations délétères dérivent à travers la population avec exactement la même probabilité que les mutations neutres. Rien ne peut les en empêcher.

Et il y a bien plus de mutations délétères que de mutations neutres.

Le décompte des mutations

À chaque génération, de nouvelles mutations apparaissent. Les scientifiques l'ont mesuré directement : les humains acquièrent environ 45 nouvelles mutations par personne par génération.

Ces mutations ne sont pas toutes identiques. D'après des recherches approfondies, elles se répartissent en trois catégories :

— Bénéfiques : ~0,01%, soit ~0,005 par personne par génération
— Neutres : ~25%, soit ~11 par personne par génération
— Délétères : ~75%, soit ~34 par personne par génération

La plupart des mutations sont délétères. Ce n'est pas controversé. Les mutations sont des modifications aléatoires d'un système fonctionnel. Les modifications aléatoires de systèmes fonctionnels cassent généralement les choses.

Sous sélection naturelle, les mutations délétères sont éliminées. Les individus qui les portent ont moins de descendants, de sorte que les mutations disparaissent. C'est ce qu'on appelle la « sélection purificatrice » et elle est essentielle au maintien d'un génome fonctionnel.

Mais le défenseur de la dérive vient de désactiver la sélection.

Même si vous prétendez que les 20 millions de modifications observées sont toutes neutres, le même processus qui les a fixées aurait également fixé 60 millions de mutations délétères selon la même loi statistique – 60 millions de modifications délétères que nous n'observons pas dans le génome humain.

Et par conséquent, la sélection n'a pas été désactivée.

Les mathématiques de la dérive

Sous dérive pure, la probabilité qu'une mutation quelconque se propage finalement à toute la population, ou se fixe, est :

$$\text{Probabilité de fixation} = 1/(2 \cdot \text{taille effective de la population})$$

Pour une taille effective de population de 10 000 (une estimation standard pour les humains ancestraux), cela donne :

$$\text{Probabilité de fixation} = 1/20\,000 = 0{,}005\%$$

Cette probabilité est la même pour toutes les mutations – bénéfiques, neutres ou délétères. C'est ce que signifie « dérive » : le résultat est déterminé par le hasard, non par le fait que la mutation aide ou nuit.

Calculons maintenant combien de mutations se fixent par génération. L'apport à l'échelle de la population égale les mutations par personne multipliées par la taille de la population :

— Bénéfiques : 50 en entrée · 0,00005 probabilité de fixation = 0,0025 fixations par génération
— Neutres : 110 000 en entrée · 0,00005 probabilité de fixation = 5,5 fixations par génération
— Délétères 340 000 en entrée · 0,00005 probabilité de fixation = 17 fixations par génération

Le génome fixe 17 mutations délétères pour chaque 5,5 mutations neutres. Soit un ratio d'environ 3 pour 1.

Réponse à l'objection Kimura

À ce stade, quelqu'un invoquera inévitablement le résultat célèbre de Kimura : « Le taux de substitution neutre égale le taux de mutation, indépendamment de la taille de la population. » Ils prétendront que cela sauve d'une manière ou d'une autre la dérive du calcul précédent.

Ce n'est pas le cas. Le résultat de Kimura décrit le taux *d'équilibre* auquel les mutations neutres se substituent au fil du temps. Il ne dit rien sur *quelles* mutations sont qualifiées de neutres. Lorsque la sélection est désactivée, TOUTES les mutations sont neutres par définition – bénéfiques, délétères et strictement neutres confondues. Le taux de substitution égale μ pour toutes.

C'est précisément pourquoi invoquer la dérive est fatal. La formule de Kimura n'exclut pas les mutations délétères; elle les *inclut* dès l'instant où vous retirez la sélection du modèle. Le « taux de substitution neutre » devient le taux de substitution total – et 75 % de ce total est délétère.

Le résultat de Kimura ne sauve pas la dérive. Il quantifie le taux auquel le génome dégénère. Invoquer Kimura n'évite pas le problème de l'accumulation délétère – c'en est une description formelle.

Et pour ceux qui voudraient faire appel à la modification de Kimura par Ohta, rappelons que si vous rendez les mutations délétères plus faibles de sorte qu'elles ne tuent pas les membres individuels de la population aussi rapidement, elles s'accumulent encore plus vite. Il n'existe pas de réglage magique où l'on obtient la bonne dérive sans la mauvaise.

Chronologie vers la catastrophe

Sur 450 000 générations en 9 millions d'années, la théorie de la dérive non sélective produirait :

— Fixations bénéfiques : 1 125
— Fixations neutres : 2,5 millions
— Fixations délétères : 7,65 millions

Le génome humain accumule donc 7,65 millions de mutations délétères. Trois fois plus de délétères que de neutres. Et le nombre total de fixations ne peut toujours pas atteindre 20 millions. Même en ignorant l'élément de dégénérescence génomique, la dérive ne peut fournir les chiffres requis.

Ce que signifient 7,65 millions de mutations délétères

Chaque mutation délétère fait fonctionner l'organisme légèrement moins bien. Les scientifiques mesurent la nocivité d'une mutation avec le « coefficient de sélection » (s). Une mutation avec $s = 0{,}01$ réduit l'aptitude de 1 %.

Les recherches suggèrent que la mutation délétère moyenne a $s = 0{,}01$. Avec 7,65 millions de telles mutations, l'aptitude cumulative est :

$$0{,}99^{7\,650\,000}$$

En utilisant les logarithmes :

$$7\,650\,000 \cdot \ln(0{,}99) \approx 7\,650\,000 \cdot (-0{,}01005) = -76\,883$$

$$\text{Aptitude} = e^{-15\,578} \approx 10^{-33\,394}$$

Ce nombre est effectivement zéro. À titre de comparaison, il n'y a qu'environ 10^{80} atomes dans l'univers observable. La population n'est pas simplement inapte, elle a cessé d'exister.

À quelle vitesse l'effondrement se produit-il ?

Nous n'avons pas besoin d'attendre 450 000 générations pour la catastrophe. L'effondrement survient presque immédiatement.

Combien de mutations délétères faut-il pour réduire l'aptitude de moitié ? C'est un seuil raisonnable pour un déclin catastrophique.

Mutations pour réduire l'aptitude de moitié = $0{,}693/s = 0{,}693/0{,}01 =$ 69 mutations

À 7,65 fixations délétères par génération brute, la chronologie vers la catastrophe est :

$$69/7{,}65 = 9 \text{ générations}$$

À 25 ans par génération :

$$9 \cdot 25 = 225 \text{ ans}$$

La population s'effondre et s'éteint en environ 225 ans.

La comparaison des chronologies

Le modèle de la dérive nécessite huit fois plus longtemps que les 9 millions d'années allouées pour fournir ses 20 millions de fixations neutres promises. Mais combien de temps le modèle de la dérive a-t-il avant d'atteindre la catastrophe génomique totale ?

— Temps requis pour les fixations par dérive neutre : 73 000 000 d'années
— Temps jusqu'à la catastrophe génomique totale : 225 ans

La défense par la dérive aboutit à rendre la population entière éteinte 324 444 fois plus vite qu'elle ne peut fournir les modifications nécessaires pour sauver la sélection naturelle et la Synthèse Moderne.

Le dilemme inéluctable

Le défenseur de la dérive fait désormais face à un choix impossible :

Option A : Maintenir la sélection désactivée.

Cela permet une dérive parallèle illimitée, échappant au plafond reproductif. Mais les mutations délétères s'accumulent aux côtés des neutres. Le génome dégénère. La population s'éteint en moins de deux siècles – bien avant que toute évolution neutre significative ne se produise.

Option B : Réactiver la sélection pour éliminer les mutations délétères.

Cela empêche la dégénérescence génomique. Mais désormais la sélection opère à nouveau, ce qui signifie que le plafond reproductif s'applique à nouveau. Nous revenons au problème initial : même combinée à la dérive, la sélection ne peut produire 20 millions de fixations dans le temps disponible.

Il n'y a pas d'Option C.

On ne peut désactiver la sélection pour les mutations qui nous arrangent et la maintenir activée pour celles qui ne nous arrangent pas.

Soit la sélection opère, soit elle n'opère pas. Soit le plafond reproductif s'applique, soit il ne s'applique pas. Soit les mutations délétères sont éliminées, soit elles s'accumulent.

L'issue de secours par la dérive n'est pas simplement fermée. Elle n'a jamais été ouverte. La tentative de l'emprunter mène à une catastrophe génomique immédiate.

Le bilan

Résumons le résultat inévitable du repli vers la neutralité, la fixation parallèle et la dérive :

Premièrement, la sélection naturelle ne peut produire 20 millions de fixations en 450 000 générations.

Deuxièmement, la dérive génétique non plus ne peut produire 20 millions de fixations neutres en 450 000 générations, car toutes les mutations produites ne le sont pas par dérive neutre. La dérive ne peut produire qu'environ 12,4 % du total des fixations neutres requises dans ce laps de temps.

Troisièmement, la dérive génétique détruit le génome avant de pouvoir produire un changement significatif. Les mutations délétères se fixent 3 fois plus vite que les neutres sous dérive. Sans sélection naturelle, la population meurt en deux siècles et demi.

Quatrièmement, on ne peut mélanger sélection et dérive pour échapper à ces contraintes. Si la sélection opère assez fortement pour éliminer les mutations délétères, elle réimpose les limites du plafond reproductif sur le modèle de sélection. Si la sélection est trop faible pour que ce plafond compte, elle est trop faible pour empêcher l'accumulation délétère.

Même sans prendre en compte la Barrière de Bernoulli, l'issue de secours est soudée des deux côtés. Il n'existe aucune configuration de paramètres, aucune application de modèles, aucune combinaison de mécanismes, et aucun ajustement d'hypothèses qui permette à l'évolution de produire la divergence génétique observée entre humains et chimpanzés dans le temps disponible.

Les mathématiques sont simples. La conclusion est inévitable. Le résultat est le même. La Marche funèbre de la dérive n'est pas une échappatoire ni un moyen de sauver l'évolution par sélection naturelle, la théorie neutraliste, le flux génique et la dérive génétique. Il n'y a pas d'issue. La probabilité est égale à zéro – au carré.

Chapitre 11
L'Alibi Ancestral

La sélection naturelle n'est pas une théorie du hasard; c'est une théorie de la manière dont le hasard est éliminé.

– J.B.S. Haldane, *The Causes of Evolution*, 1932

Pourquoi le Tri Incomplet de Lignées Ne Peut Pas Sauver le Néo-Darwinisme

Quiconque présente l'argument mathématique contre le néo-darwinisme à un généticien des populations finira par rencontrer ce que l'on peut décrire comme l'Alibi Ancestral. Voici à quoi il ressemble : « Vos calculs sont fondamentalement erronés parce que vous supposez que toutes les différences génétiques entre les humains et les chimpanzés sont apparues comme de nouvelles mutations après la séparation. Mais je peux imaginer qu'une grande partie de cette divergence était déjà présente comme variations permanentes dans la population ancestrale. Ces polymorphismes préexistants se sont simplement triés différemment dans les deux canaux des lignées descendantes, sans nécessiter de nouvelles mutations du tout. Ce processus s'appelle le Tri Incomplet de Lignées, et il réduit dramatiquement le nombre de fixations de novo que vos mathématiques doivent expliquer. »

Cette objection mérite une attention sérieuse malgré sa nature manifestement ontologique. Contrairement aux contorsions qualitatives floues sur le traitement parallèle ou le repli vers la théorie neutre, l'argument du TIL possède une véritable substance mathématique. Un défenseur compétent du néo-darwinisme pourrait potentiellement tenter de l'utiliser pour réduire substantiellement le nombre requis de fixations post-séparation. En cas de succès, cela réduirait MITTENS d'une démonstration d'impossibilité mathématique à un simple problème difficile de probabilité que la recherche future pourrait un jour être en mesure de résoudre.

La défense par le TIL est suffisamment sophistiquée pour que ne pas l'aborder laisse une trappe de sortie par laquelle chaque biologiste évolutionniste s'engouffrerait immédiatement. Fermons-la donc et détruisons leur dernier espoir de sauver la Synthèse Moderne.

Le Mécanisme Expliqué

Le Dernier Ancêtre Commun Chimpanzé-Humain n'était pas une espèce génétiquement uniforme. Comme toute grande population, à l'instar des humains aujourd'hui, l'espèce du DACH contenait une variation génétique substantielle, avec différents allèles ségrégant à des millions de loci à travers le génome. Lorsque la population ancestrale s'est divisée en deux lignées qui deviendraient les humains modernes et les chimpanzés, chaque population fille a hérité d'un sous-ensemble différent de cette variation ancestrale.

Considérez un seul gène où la population du DACH avait deux allèles communs : A et B. Les deux allèles étaient présents dans la population ancestrale et étaient portés par différents individus. Lors de la séparation, la population proto-humaine a pu par hasard inclure davantage de porteurs de A tandis que la population proto-chimpanzé a par hasard inclus davantage de porteurs de B. Par dérive subséquente dans ces populations désormais séparées, l'allèle A s'est finalement fixé chez les humains tandis que l'allèle B s'est fixé chez les chimpanzés. Il en résulterait une différence génétique fixée entre les deux espèces divergentes n'ayant nécessité aucune nouvelle mutation. Les deux allèles existaient avant la séparation. La fixation s'est produite par le tri démographique de la variation préexistante, il ne s'agissait donc pas d'une fixation mutationnelle et aucun temps supplémentaire n'était requis.

Le défenseur du TIL argumentera que ce mécanisme, qui est une composante naturelle de la divergence des espèces d'un ancêtre commun, peut expliquer une fraction substantielle des 40 millions de différences génétiques observées entre les humains et les chimpanzés. Les mutations n'avaient pas besoin d'apparaître et de se fixer après la séparation ; elles étaient déjà là, attendant d'être triées. Le problème mathématique disparaît. La sélection naturelle règne sur tout, Dieu n'existe pas, le bien et le mal n'existent pas, et donc vous pouvez voler sur l'avion de Jeffrey Epstein vers l'île de Little St. James pour passer du temps de qualité avec des filles mineures en toute bonne conscience.

Mais cette défense proposée tient-elle réellement ?

Non. Une fois les calculs effectués, la défense par le TIL contre MITTENS s'effondre pour quatre raisons indépendantes, chacune étant suffisante pour l'anéantir.

Problème Un : Le Plafond Quantitatif

How much ancestral variation could the CHLCA population have contained ? This is not a philosophical question, it is an empirical one with a calculable upper bound.

Quelle quantité de variation ancestrale la population du DACH aurait-elle pu contenir ? Ce n'est pas une question philosophique mais une question empirique avec une borne supérieure calculable.

« La mesure standard de la diversité génétique au sein d'une population est l'hétérozygotie nucléotidique (π), qui représente la probabilité que deux chromosomes échantillonnés au hasard diffèrent à une position nucléotidique donnée. Pour les humains aujourd'hui, $\pi \approx 0{,}001$, signifiant qu'environ une paire de bases sur mille montre une variation au sein de notre espèce. Pour les chimpanzés, le chiffre est quelque peu plus élevé, environ 0,002. »

Même si nous supposons que le DACH présentait une diversité plus proche de celle des chimpanzés que de celle des humains, une hétérozygotie nucléotidique de 0,002 constitue le plafond du nombre de différences qui auraient pu déjà être présentes pour que le TIL les trie. Étant donné un génome de 3 milliards de paires de bases, une hétérozygotie du DACH de 0,002 signifierait environ 6 millions de sites polymorphiques.

Mais tous ces 6 millions de polymorphismes ne se trieraient pas différemment entre les humains et les chimpanzés. Car pour que le TIL crée une différence fixée entre deux espèces, *le polymorphisme ancestral doit être perdu dans une lignée* pendant qu'il se fixe dans l'autre. La modélisation mathématique montre que seul environ un tiers des polymorphismes ancestraux suit ce schéma ; les deux tiers restants soit se fixent au même allèle dans les deux lignées, soit demeurent polymorphiques.

Étant donné l'hétérozygotie observée chez les primates, le TIL pourrait expliquer au plus 2 millions des différences observées entre les humains et les chimpanzés, ce qui représente cinq pour cent de l'écart génétique total. Cela laisse 38 millions de différences nécessitant encore mutation et fixation, ce qui est plus que suffisant pour se heurter de plein fouet à la barrière du taux de fixation documentée dans les chapitres précédents.

Problème Deux : La Contradiction Démographique

La défense par le TIL requiert un scénario démographique spécifique : une grande population ancestrale hautement polymorphique suivie de goulots d'étranglement sévères pendant la spéciation. Les goulots d'étranglement sont essentiels parce que le tri aléatoire de la variation ancestrale ne se produit rapidement que dans les petites populations où la dérive est forte.

Mais ces deux exigences existent en tension directe.

Une grande population ancestrale est nécessaire pour accumuler une haute hétérozygotie. La diversité nucléotidique attendue sous la théorie neutre est $\pi = 4N_e\mu$, où N_e est la taille effective de population et μ est le taux de mutation par site. Pour atteindre la haute diversité que le TIL nécessite, le DACH doit avoir eu une grande taille de population effective maintenue sur de nombreuses générations.

Un goulot d'étranglement sévère pendant la spéciation est nécessaire pour le tri rapide de cette variation. Si les populations fondatrices des humains et des chimpanzés étaient grandes, la dérive serait faible, et le tri prendrait plusieurs milliers de générations, pendant lesquelles de nouvelles mutations apparaîtraient et nécessiteraient la fixation de toute façon. Seules de minuscules populations fondatrices peuvent rapidement trier la variation ancestrale.

Le problème est que les goulots d'étranglement sévères détruisent la diversité même qu'ils sont supposés trier. Une population fondatrice de 100 individus porte au plus 200 copies de n'importe quel chromosome.

Si la population ancestrale avait 10 000 sites polymorphiques sur ce chromosome, la population fondatrice en perdrait immédiatement la plupart et les allèles rares présents dans seulement quelques individus ne passeraient pas le goulot d'étranglement.

Les généticiens des populations appellent cela l'effet fondateur, et il est bien documenté. Quand un petit groupe se sépare d'une population plus large, il porte seulement une fraction de la diversité génétique présente dans la source. Plus le groupe fondateur est petit, plus la diversité est perdue.

La défense par le TIL essaie d'avoir les deux à la fois en incorporant à la fois une massive diversité ancestrale et des goulots d'étranglement sévères pour préserver cette diversité tout en la triant. C'est un plaidoyer spécial auto-contradictoire du type le plus transparent. Le scénario démographique requis pour que le TIL fonctionne à l'échelle requise ne décrit aucun événement de spéciation connu et contredit la théorie génétique des populations de base.

Problème Trois : Le Défi des Différences Fonctionnelles

Même si nous accordions un TIL maximal et acceptions l'idée que 40 millions de distinctions génétiques pourraient être expliquées par le tri ancestral, cela ne ferait absolument rien pour résoudre le défi le plus sérieux qu'il affronte.

Les polymorphismes ancestraux, par définition, étaient déjà présents dans la population du DACH. Ils étaient compatibles avec la physiologie, le comportement et l'écologie du DACH. Ils ne causaient pas que le DACH soit radicalement différent de lui-même. Quelle que soit la variation fonctionnelle existant à ces sites, c'était une variation au sein d'une seule espèce, la gamme normale de différences que vous voyez parmi les individus dans n'importe quelle population.

Mais les humains ne sont pas simplement des chimpanzés triés différemment. Nous avons des cerveaux qui sont trois fois plus grands. Nous marchons debout. Nous avons le langage, la culture, le raisonnement abstrait, et une capacité technologique qui n'existe nulle part ailleurs dans le règne animal. Ce ne sont pas simplement différents assortiments de variation existante. Ce sont des adaptations nouvelles qui n'existaient pas dans la population ancestrale et n'auraient pas pu exister, parce que le DACH n'était ni humain ni chimpanzé mais quelque chose d'entièrement autre.

Les changements génétiques sous-jacents aux traits spécifiquement humains – développement cérébral, bipédie, capacité de langage, et tout le reste qui nous distingue des chimpanzés – ne sont pas des variants neutres qui se sont juste trouvés à se trier d'une façon dans notre lignée et d'une autre façon chez les chimpanzés. Ce sont des changements fonctionnels qui sont apparus après la séparation du DACH, se sont propagés à travers la population, et sont devenus fixés. Saitou et Yamamoto (2004) ont conduit une analyse systématique de 103 gènes codant pour des protéines chez les humains, les chimpanzés, les gorilles et les orangs-outans, identifiant 147 changements d'acides aminés spécifiques aux humains parmi 26 199 codons examinés. En extrapolant au génome complet, ils ont estimé approximativement 80 000 changements d'acides aminés au total dans la lignée humaine depuis la divergence. Ce sont les mutations qui ont réellement *fait quelque chose*, les différences génétiques *qui définissent les différences fonctionnelles entre les humains et les chimpanzés*. Le TIL ne peut pas expliquer ces changements ; il ne peut que remanier des variants neutres qui existaient déjà dans la population ancestrale. Ces 80 000 changements fonctionnels ont dû apparaître et se fixer après la séparation.

Mais 80 000 fixations adaptatives en 202 500 générations effectives nécessite 0,40 fixations adaptatives par génération. Les données de CCR5-delta32 ont montré que même sous une pression sélective extrême de la Peste Noire, une mutation bénéfique prend environ 2 278 générations pour atteindre la fixation globale – et cette extrapolation suppose généreusement la même pression de sélection intense continuant dans le monde entier, ce qu'elle ne ferait manifestement pas. Le scénario du TIL nécessite des événements de sélection approximativement 900 fois plus efficaces que la Peste Noire se produisant continuellement pendant 9 millions d'années.

Ce qui, j'imagine que le lecteur le comprend, est le genre de paysage infernal qu'aucune espèce ne pourrait raisonnablement s'attendre à survivre.

Le TIL ne peut pas expliquer ces changements fonctionnels. Il ne peut expliquer que le remaniement neutre de variants existants. Et les changements fonctionnels seuls dépassent ce que les mathématiques de fixation de MITTENS permettent.

Problème Quatre : L'Illusion de l'Auto-stop

Un défenseur imaginatif pourrait envisager de tenter un dernier sauvetage désespéré. C'est la sélection liée, aussi connue sous le nom d'auto-stop génétique. Quand une mutation bénéfique balaie vers la fixation, elle emporte avec elle les variants neutres proches sur le même chromosome. Un seul balayage sélectif pourrait théoriquement fixer non pas une seule mutation mais des centaines ou des milliers de variants liés simultanément. Alors, pourrions-nous imaginer, peut-être qu'une poignée pratique de balayages adaptatifs majeurs pourrait expliquer des millions de différences sans nécessiter des millions d'événements de fixation indépendants.

Cette objection a un peu plus de substance qu'il n'y paraît, parce que l'auto-stop est réel. Il se produit. Mais sa portée est fortement limitée par un processus biologique que notre défenseur désespéré a commodément omis, qui est la recombinaison.

Pendant la méiose, les chromosomes homologues échangent des segments par crossing-over. Cette recombinaison brise les blocs de liaison et sépare les variants qui étaient autrefois voisins sur le même chromosome. Plus deux variants sont éloignés sur un chromosome, plus il est probable que la recombinaison les sépare avant qu'un balayage ne puisse les porter tous les deux en sécurité à la fixation. Et les variants sur différents chromosomes ne peuvent pas du tout faire de l'auto-stop ensemble parce qu'ils s'assortissent indépendamment.

Chez les humains, le bloc de liaison moyen s'étend entre 50–200 kilobases, selon la région génomique et l'histoire de la population. Certaines régions ont des blocs plus longs, certaines en ont de plus courts, mais cela nous fournit un ordre de grandeur raisonnable. Le bloc de liaison est la région à l'intérieur du chromosome dans laquelle les variants restent corrélés en raison de la recombinaison limitée.

Le génome humain s'étend sur environ 3 milliards de paires de bases à travers 23 paires de chromosomes. Les 20 millions de paires de bases uniques humaines sont distribuées à travers tout ce génome. Elles ne sont pas regroupées commodément dans quelques emplacements, mais dispersées partout. Pour balayer toutes vers la fixation via l'auto-stop, vous auriez besoin de balayages sélectifs couvrant chaque bloc de liaison unique dans le génome.

Combien y a-t-il de blocs de liaison ? Si nous supposons généreusement une taille de bloc moyenne de 100 kilobases, nous obtenons 30 000 blocs de liaison indépendants. Chaque bloc nécessite son propre balayage sélectif pour porter ses variants résidents à la fixation. Et chacun de ces balayages fait face à la même contrainte de taux de fixation dont nous avons discuté tout au long de ce chapitre.

30 000 balayages de blocs de liaison en 202 500 générations effectives nécessite un balayage toutes les sept générations, avec chaque balayage atteignant une fixation globale complète. Les données observées sur les balayages sélectifs humains ne montrent rien approchant même de loin cette fréquence. Le très petit nombre de balayages de blocs de liaison documentés dans l'histoire humaine, parmi lesquels CCR5-delta32, les allèles de persistance de la lactase, et les allèles de résistance à la malaria, sont bien connus parce qu'ils sont des événements très rares et remarquables, pas des occurrences routinières se produisant toutes les quelques générations.

L'appel à l'auto-stop en réponse à MITTENS est apparenté à affirmer une preuve que l'humanité est une espèce de peintres habiles en pointant le nombre de Mona Lisas qui ont été peintes. Bien sûr, il y a la Mona Lisa d'Isleworth et la Mona Lisa du Prado, et, bien sûr, la célèbre à Paris, mais où sont les 29 997 autres requis pour que la preuve soit crédible ?

De plus, l'auto-stop ne fonctionne que pour les variants qui se trouvent être sur le même chromosome, près du site sélectionné, au moment où le balayage commence. Il ne crée pas de nouveaux variants et ne déplace pas les variants existants entre les chromosomes. Les mathématiques de fixation sous-jacentes restent inchangées ; l'auto-stop ne fait que redistribuer quels variants sont comptés ensemble. C'est un tour comptable, ce n'est pas une solution potentielle au problème du taux de fixation.

Étant donné le comportement que nous avons observé au cours des 60 dernières années, les défenseurs de Darwin pourraient se replier plus loin, et tenter d'invoquer les soi-disant balayages doux sur la variation permanente ou les adaptations polygéniques impliquant de petits changements de fréquence à de nombreux loci. Aucun de ceux-ci n'aidera avec leur problème mathématique. Les balayages doux sur la variation permanente redirigent simplement le problème vers le plafond quantitatif sur le polymorphisme ancestral parce que rien ne peut balayer une variation qui n'existe pas.

Et l'adaptation polygénique ne peut pas expliquer les différences fixées du tout. Les 40 millions de différences entre les humains et les chimpanzés ne sont pas des changements de fréquence partiels ; elles sont fixées. 100 pour cent existent dans une espèce, 0 pour cent dans l'autre. L'adaptation polygénique décrit des populations où différents individus portent différents allèles à des fréquences variées. Ce n'est pas ce que nous observons entre les humains et les chimpanzés. Nous observons une fixation différenciée. Chaque humain a les variants humains et chaque chimpanzé a les variants chimpanzés. De petits changements de fréquence à travers des milliers de générations ne produisent pas ce résultat.

L'objection de l'auto-stop échoue pour la même raison que chaque argument présenté par les biologistes échoue toujours : c'est une belle histoire qui semble vaguement plausible jusqu'à ce que quelqu'un fasse réellement les calculs nécessaires. Une fois que vous calculez combien de balayages indépendants seraient requis pour couvrir le génome entier, vous vous retrouvez exactement là où vous avez commencé, à la recherche d'événements de fixation se produisant à des taux qui sont complètement impossibles.

Les Équations Fatales

Calculons le meilleur scénario possible pour la défense par le TIL et montrons que même sous des hypothèses maximalement favorables, les mathématiques échouent toujours catastrophiquement. Nous avons 9 millions d'années et 202 500 générations à utiliser.

Appliquons maintenant des hypothèses maximalement favorables à la défense par le TIL :

Hypothèse 1 : Le DACH avait une hétérozygotie de 0,005 (cinq fois les niveaux humains, 2,5 fois les niveaux des chimpanzés).

Hypothèse 2 : Un tiers de ces polymorphismes se sont triés vers différents états fixés chez les humains vs les chimpanzés.

Hypothèse 3 : Le goulot d'étranglement de spéciation était assez sévère pour trier ces variants mais pas si sévère pour les perdre.

Sous ces hypothèses, le TIL contribue : 3 milliards de paires de bases · 0,005 hétérozygotie · 0,33 fraction de tri = 5 millions de différences fixées.

Cela laisse 35 millions de différences nécessitant une fixation de novo sur 202 500 générations effectives.

Taux de fixation requis : 30 000 000 / 202 500 = 148 fixations par génération

Maintenant, quels sont les taux observés de propagation génétique chez les humains ? Il est crucial de noter qu'aucune mutation n'a jamais été observée atteindre une fixation globale complète dans l'espèce humaine dans l'histoire enregistrée. Tout ce que nous avons sont des balayages partiels à partir desquels nous pouvons extrapoler – généreusement – pour estimer combien de temps la fixation complète prendrait.

Les trois cas les mieux documentés de propagation génétique chez les humains sont :

CCR5-delta32 (résistance à la Peste Noire) : Actuellement à ~10% de fréquence chez les Européens, ~1,5% globalement, après 34 générations sous la pression sélective la plus intense de l'histoire enregistrée. Extrapolation linéaire à la fixation globale : 2 278 générations.

Persistance de la lactase : Actuellement à ~35% de fréquence globale après 450 générations sous sélection nutritionnelle soutenue dans les cultures d'élevage laitier. Extrapolation linéaire à la fixation globale : 1 300 générations. Notez que cette extrapolation est particulièrement généreuse, puisque la mutation ne confère aucun avantage dans les populations non laitières et n'atteindrait probablement jamais réellement la fixation globale sous des conditions naturelles.

Lignée de Gengis Khan : Actuellement à ~0,5% de fréquence globale après 41 générations sous la sélection sexuelle la plus extrême jamais documentée. Extrapolation linéaire à la fixation globale : 8 200 générations.

En utilisant le taux extrapolé le plus favorable de persistance de la lactase à 1 300 générations par fixation :

Facteur de déficit : 148 · 1 300 = 192 400

En utilisant l'extrapolation globale de Gengis Khan de 8 200 générations par fixation :

Facteur de déficit : 148 · 8 200 = 1 213 600

Même en accordant au TIL sa contribution maximale possible, nous avons toujours besoin que la fixation mutationnelle se produise quelque part entre deux cent seize mille et 1,4 million de fois plus rapidement que les taux observés jamais extrapolés pour les humains. Et souvenez-vous, ces extrapolations sont elles-mêmes généreuses, puisqu'elles supposent des progressions linéaires même si les taux de fixation réels ralentissent typiquement à mesure que la fréquence augmente.

La défense par le TIL ne résout pas le problème. Elle ne s'approche même pas de résoudre le problème. Elle change simplement la magnitude de l'impossibilité de « absurdément impossible » à « toujours absurdément impossible ».

Ce Que la Défense par le TIL Révèle Réellement

La défense par le TIL est instructive non pas parce qu'elle réussit mais à cause de ce que son échec révèle sur l'état de la biologie évolutive.

Premièrement, il est important de noter que le TIL est lui-même un repli de la Synthèse Moderne. La théorie de Darwin nécessitait que les mutations bénéfiques apparaissent et se propagent par la sélection. Le TIL remplace ceci par la dérive démographique triant des variants neutres. Dans la mesure où le TIL explique quoi que ce soit, il l'explique par un mécanisme qui est explicitement non-darwinien et n'implique pas la fitness ou la sélection naturelle. Les défenseurs de la théorie essaient de sauver Darwin en l'abandonnant.

Deuxièmement, observez le schéma reconnaissable d'argumentation. Quand confronté à un défi quantitatif, la réponse n'est pas une réponse quantitative mais une objection qualitative. « Vous avez oublié le TIL ! » semble impressionnant jusqu'à ce que vous calculiez réellement combien le TIL pourrait contribuer. L'objection repose intrinsèquement sur le fait que le critique ne fasse pas les calculs nécessaires. C'est le même schéma que nous avons observé au Symposium Wistar de 1966 : narration contre chiffres, avec les partisans de la narration espérant simplement que l'autre côté ne ferait pas les calculs et ne les exposerait pas.

Troisièmement, considérez ce que les défenseurs du TIL admettent implicitement. En s'accrochant au TIL, ils reconnaissent que la fixation mutationnelle par la sélection naturelle ne peut pas faire le travail requis. Ils concèdent que la narration néo-darwinienne traditionnelle de mutation, sélection, fixation, et répétition selon les besoins sur des millions et des milliards d'années échoue mathématiquement et doit être complétée par un mécanisme entièrement différent faisant la plupart du travail. C'est significatif. Ils ont abandonné l'idée que la sélection naturelle soit suffisante en soi ; ils se sont maintenant repliés pour argumenter que la théorie de l'évolution n'est qu'une composante d'un ensemble plus large, mais toujours sans but, de processus aléatoires imaginés par un biologiste sans le bénéfice de preuves ou de support empirique.

Et pourtant, même avec chaque outil de l'ensemble imaginé déployé simultanément, les mathématiques ne fonctionnent toujours pas. TIL plus sélection plus dérive plus fixation parallèle plus variation permanente plus chaque autre mécanisme évolutif jamais proposé est toujours des centaines de milliers de fois en dessous de ce qui est mathématiquement requis par les données génétiques.

L'Échec de l'Alibi Ancestral

J'ai maintenant abordé toutes les objections techniques à MITTENS. La défense par le TIL et ses mécanismes associés échouent pour quatre raisons indépendantes :

1. La contribution quantitative du TIL, même sous des hypothèses maximalement favorables, ne peut expliquer plus qu'une fraction des différences requises.
2. Le scénario démographique requis pour que le TIL fonctionne à l'échelle est internement contradictoire, nécessitant à la fois une haute diversité ancestrale et des goulots d'étranglement sévères qui détruiraient cette diversité.
3. Le TIL ne peut expliquer les adaptations fonctionnelles, seulement le remaniement neutre. Les adaptations spécifiquement humaines qui nécessitent la sélection excèdent d'ores et déjà l'enveloppe de fixation, avant de compter les changements neutres.
4. La sélection liée ne peut sauver les mathématiques parce que la recombinaison limite l'auto-stop aux régions chromosomiques locales, nécessitant des dizaines de milliers de balayages indépendants — chacun faisant face aux mêmes contraintes de taux de fixation.

Chacun de ces problèmes serait fatal. Ensemble, ils démontrent que le TIL n'est pas un sauvetage potentiel pour la Synthèse Moderne mais juste un autre faux-fuyant, une autre ligne de retraite technique qui s'effondre à l'examen et à l'application des équations inexorables. C'est juste un autre exemple de la façon dont les biologistes évolutionnistes ne comprennent pas les mathématiques sous-jacentes aux mécanismes vers lesquels ils battent en retraite.

Le généticien des populations qui soulève le TIL quand confronté à MITTENS n'a pas tort d'affirmer que le mécanisme existe. Le TIL est réel. Il contribue à une petite fraction des différences génétiques entre les espèces. Mais sa contribution quantitative est insuffisante d'un facteur de centaines de milliers, et aucune quantité de contorsions qualitatives ne peut changer cela.

MITTENS ne suppose pas que toutes les différences sont de novo. Il observe simplement que même après avoir accordé à chaque mécanisme alternatif sa contribution plausible maximale, les fixations mutationnelles qui restent dépassent encore ce que le temps disponible permet de plusieurs ordres de grandeur.

L'alibi ancestral échoue. La trappe de sortie est fermée. L'impossibilité mathématique reste impossible.

Chapitre 12
Le Défi de la Fixationn

La partie la plus importante du processus évolutif est la fixation d'un nouveau mutant dans la population, car c'est ce processus qui constitue une étape de l'évolution.

– Motoo Kimura, *The Neutral Theory of Molecular Evolution*, 1983

Le Problème Central de la Génétique Évolutive

L'évolution par sélection naturelle exige bien davantage que l'émergence sporadique de mutations bénéfiques. Un variant améliorant l'aptitude d'un organisme ne revêt aucune importance pour l'espèce dans son ensemble s'il apparaît chez un seul individu puis disparaît lorsque cet individu meurt sans se reproduire. Pour qu'une mutation compte, pour qu'elle s'intègre au corpus de ce que nous reconnaissons comme changement évolutif, elle doit se propager à travers la population jusqu'à devenir universelle et partie intégrante de ce qui distingue cette population des autres espèces. Ce processus s'appelle la *fixation*.

La fixation survient quand un variant génétique, appelé allèle, augmente en fréquence depuis son apparition initiale chez un seul individu jusqu'à ce qu'il atteigne 100 % de prévalence dans la population et que chaque membre de l'espèce soit porteur de ce variant. À ce moment-là, la version originale du gène a été entièrement remplacée. La mutation est devenue, en terminologie génétique, « fixée ».

Le concept de fixation se situe au confluent des enjeux de la théorie évolutive. Quand les biologistes parlent des différences génétiques entre les espèces, qui consistent en de nombreuses mutations distinguant un humain d'un chimpanzé, ou un loup d'un chien, ils parlent de mutations qui se sont fixées à travers l'espèce et ont modifié le phénotype. Ce sont les changements qui se sont propagés avec succès à travers une population entière, remplaçant entièrement les variants ancestraux. Les mutations qui ont échoué à se fixer, aussi bénéfiques qu'elles eussent pu être, ne laissent aucune marque permanente sur l'espèce.

Comprendre la fixation nécessite donc de rendre compte du mécanisme fondamental par lequel les espèces changent au fil du temps. Combien de temps prend la fixation ? Qu'est-ce qui détermine si une mutation se fixera ou sera perdue ? Quel est le taux attendu auquel les mutations peuvent s'accumuler dans une lignée ? Ces questions sont au cœur de la génétique évolutive, et les modèles mathématiques développés pour y répondre constituent certains des travaux les plus sophistiqués de la biologie théorique.

La Dynamique du Changement de Fréquence Allélique

Quand une nouvelle mutation apparaît, elle n'existe qu'en une seule copie chez un seul individu au sein d'une population de plusieurs milliers ou millions. Sa fréquence initiale est donc de $1/(2N)$ dans une population diploïde, où N est la taille de la population. Ainsi, une nouvelle mutation qui apparaît chez un nouveau-né humain aujourd'hui a une fréquence d'une sur 16,6 milliards. À partir de ce début très modeste, l'allèle doit d'une manière ou d'une autre se multiplier près de 17 milliards de fois, d'une fréquence de 0,00000000006024096385542169 à 1,0.

Cette augmentation ne se produit pas automatiquement, pas même pour les mutations bénéfiques. À chaque génération, les individus se reproduisent, et leur progéniture hérite d'un sous-ensemble des allèles parentaux. Ce processus comporte une part d'aléatoire : un individu portant une mutation bénéfique pourrait par hasard avoir moins de descendants que la moyenne en raison d'un accident ou d'une infortune. La mutation pourrait conférer un avantage de survie, mais le porteur pourrait être tué par un arbre qui tombe ou dévoré par un ours affamé avant de se reproduire. Les mathématiques de l'hérédité signifient que même les allèles avantageux font face à une probabilité substantielle d'être perdus par hasard dans les premières générations quand ils sont rares.

Les généticiens des populations distinguent deux forces qui influencent le changement de fréquence allélique. La première est la *sélection*, qui se produit quand différents allèles confèrent différentes probabilités de survie et de reproduction. Une mutation qui aide son porteur à survivre et à se reproduire augmentera, en moyenne, en fréquence au fil du temps. La seconde force est la *dérive génétique*, qui fait référence aux fluctuations imprévisibles de la fréquence allélique qui se produisent simplement parce que la reproduction implique un échantillonnage aléatoire du pool génétique parental.

L'importance relative de la sélection et de la dérive dépend du produit de la taille de population et du coefficient de sélection. Quand ce produit est grand, la sélection domine; quand il est petit, la dérive domine. Cette relation est capturée dans la fameuse inégalité : la sélection est efficace quand $Ns \gg 1$, où N est la taille effective de population et s est le coefficient de sélection. Inversement, quand $Ns \ll 1$, même des mutations fortement avantageuses se comportent comme si elles étaient neutres, leur destin déterminé par le hasard plutôt que par la fitness.

La Théorie Classique de la Fixation : Fisher, Wright et Haldane

Les fondations mathématiques de la théorie de la fixation ont été posées au début du vingtième siècle par trois géants de la génétique des populations : Ronald Fisher, Sewall Wright et J.B.S. Haldane. Ces trois grandes figures de la biologie ont développé le cadre théorique qui fournit toujours la fondation de notre compréhension scientifique de comment le changement génétique s'accumule dans les populations.

La Probabilité de Fixation

L'un des premiers et plus importants résultats concerne la probabilité qu'une nouvelle mutation se fixe éventuellement plutôt que d'être perdue.

Pour une mutation neutre, c'est-à-dire une qui ne confère aucun avantage ou désavantage sélectif, cette probabilité égale la fréquence initiale de la mutation. Dans une population de N individus, une nouvelle mutation chez un seul individu a une fréquence initiale de $1/(2N)$ et donc la même probabilité de fixation de $1/(2N)$. Dans une population de 10 000 individus, une mutation neutre n'a que 0,005 pour cent de chance de se fixer. La grande majorité des mutations neutres sont perdues en quelques générations.

Pour les mutations bénéfiques, la probabilité de fixation est plus élevée mais reste modeste. Haldane a montré en 1927 que pour une mutation avec un avantage sélectif s (signifiant que les porteurs ont, en moyenne, $1 + s$ fois plus de descendants que les non-porteurs), la probabilité de fixation est approximativement $2s$ quand s est petit. Une mutation qui augmente la fitness de 1 pour cent n'a qu'environ 2 pour cent de chance de se fixer. Une mutation qui augmente la fitness de 10 pour cent, ce qui est considéré comme un avantage énorme selon les standards évolutifs, n'a toujours qu'environ 20 pour cent de chance de s'établir. Les 80 pour cent restants des mutations bénéfiques sont perdues à la dérive génétique malgré leurs effets avantageux.

Ce résultat a des implications profondes. Même une sélection naturelle forte ne peut pas empêcher la perte de la plupart des mutations bénéfiques. Le processus est aléatoire et de nombreuses mutations doivent apparaître avant qu'une navigue avec succès le parcours du combattant de la dérive des premières générations et commence sa marche vers la fixation. L'évolution n'est pas un processus déterministe dans lequel chaque mutation bénéfique se propage inévitablement ; c'est un processus probabiliste dans lequel la plupart des mutations bénéfiques sont perdues, et seule une petite fraction survit pour contribuer au changement évolutif.

Temps jusqu'à la Fixation

La seconde question majeure concerne combien de temps prend la fixation une fois qu'une mutation a échappé à la perte initiale. Les résultats classiques ici viennent principalement des travaux de Fisher et Wright.

Pour les allèles neutres, le temps moyen jusqu'à la fixation, si elle se produit jamais, est approximativement $4N_e$ générations, où N_e est la *taille effective de population*, un paramètre qui tient compte du fait que tous les individus ne contribuent pas également à la génération suivante. Dans une population avec $N_e = 10\,000$, une mutation neutre qui réussit à se fixer prendra, en moyenne, environ 40 000 générations pour le faire. C'est un processus extrêmement lent.

Pour les mutations bénéfiques, la fixation est plus rapide parce que la sélection pousse l'allèle vers une haute fréquence plutôt que de compter sur la dérive seule. Le modèle estime que le temps moyen de fixation pour une mutation bénéfique est $(2/s)\ln(2N_e)$ générations. Pour une mutation avec un avantage sélectif d'un pour cent dans une population de 10 000, cela donne environ 2 000 générations, ce qui est très lent à l'échelle de temps humaine, mais vingt fois plus rapide que le cas neutre qui nécessite 40 000.

Les modèles traditionnels de fixation révèlent une intuition critique : le temps de fixation dépend fortement de la taille de population pour les allèles neutres mais seulement de façon logarithmique de la taille de population pour les allèles fortement sélectionnés. Une augmentation décuplée de la taille de population augmente le temps de fixation neutre de dix fois mais n'ajoute qu'un facteur constant au temps de fixation bénéfique.

Les Approximations par Diffusion de Kimura

Les résultats antérieurs de Fisher, Wright et Haldane ont été substantiellement affinés et étendus par Motoo Kimura, un généticien japonais dont les travaux des années 1950 aux années 1980 ont transformé la génétique des populations en une discipline plus mathématiquement rigoureuse. L'innovation clé de Kimura était l'application de la *théorie de la diffusion*, une branche des mathématiques qui traite des processus aléatoires se déroulant en temps continu, au problème du changement de fréquence allélique.

L'approche par diffusion traite la fréquence allélique comme une variable continue plutôt qu'un comptage discret de copies d'allèles et modélise son changement au fil du temps en utilisant des équations aux dérivées partielles. Ce cadre mathématique a permis à Kimura de dériver des réponses plus précises pour des quantités qui ne pouvaient qu'être approximées en utilisant les méthodes antérieures.

L'Équation de Diffusion

L'équation fondamentale de Kimura décrit comment la distribution de probabilité des fréquences alléliques change au fil du temps. L'équation équilibre deux termes : un terme de « dérive » qui représente les fluctuations aléatoires de la fréquence allélique, et un terme de « sélection » qui représente la poussée directionnelle de la sélection naturelle. Le terme de dérive est proportionnel à $1/N_e$, et confirme que la dérive génétique est plus forte que la sélection dans les populations plus petites. Le terme de sélection est proportionnel au coefficient de sélection s.

À partir de cette équation, Kimura a dérivé des formules pour la probabilité de fixation et le temps de fixation. Ses résultats ont confirmé les approximations classiques dans les limites appropriées mais ont aussi révélé comment ces quantités se comportent à travers toute la gamme des intensités de sélection et des tailles de population.

Le Taux de Substitution

L'un des résultats les plus importants de Kimura concerne le *taux de substitution* – le nombre de mutations qui se fixent par unité de temps. Pour les mutations neutres, Kimura a montré que ce taux égale simplement μ, le taux de mutation par individu par génération. Ce résultat est contre-intuitif : le taux de substitution est indépendant de la taille de population.

La dérivation révèle pourquoi. Dans une population de N individus, $2N$ nouvelles mutations neutres apparaissent à chaque génération (chez les diploïdes). Chacune a une probabilité de fixation de $1/(2N)$. Le nombre attendu de mutations qui se fixeront éventuellement est donc $2N \cdot 1/(2N) = 1$ fois le taux de mutation par individu. Les populations plus grandes produisent plus de mutations mais chacune a une probabilité proportionnellement plus faible de fixation ; ces effets s'annulent exactement.

Pour les mutations bénéfiques, le taux de substitution est approximativement $2Ns\mu$, où s est le coefficient de sélection et μ est le taux auquel les mutations bénéfiques apparaissent. Ici, les populations plus grandes fixent effectivement plus de mutations par unité de temps, parce que les mutations bénéfiques ont une probabilité de fixation (approximativement $2s$) qui ne dépend pas de la taille de population.

La Théorie Neutre de l'Évolution Moléculaire

En 1968, Kimura a proposé ce qu'il a appelé la *théorie neutre de l'évolution moléculaire*, une hypothèse qui a déclenché des décennies de controverse et a fondamentalement remodelé comment les biologistes pensent le changement génétique. La théorie neutre ne nie pas que la sélection naturelle se produit, car Kimura acceptait pleinement le mécanisme de Darwin pour l'évolution adaptative par la sélection naturelle. Plutôt, elle propose que la plupart de la variation génétique *au sein* d'une espèce et la plupart des différences fixées *entre* différentes espèces sont sélectivement neutres, et n'ont aucun effet sur la fitness.

Cela rend la sélection naturelle non pertinente en ce qui concerne toutes les différences génétiques qui sont le résultat de mécanismes neutres. Si une différence génétique est apparue et s'est fixée par dérive neutre plutôt que par sélection, alors par définition la sélection naturelle n'a joué aucun rôle dans ce changement particulier. En fait, non seulement la sélection naturelle, mais la sélection sexuelle, la sélection de parentèle, et la sélection de groupe sont toutes complètement non pertinentes pour les changements neutres qui sont maintenant censés expliquer la plupart des différences génétiques entre les espèces.

La motivation empirique pour la théorie neutre venait des données moléculaires émergentes. À mesure que les techniques pour comparer les séquences protéiques entre les espèces se développaient dans les années 1960, les chercheurs ont observé que l'évolution moléculaire semblait procéder à un taux à peu près constant – une « horloge moléculaire » – indépendant du temps de génération, de la taille de population, ou des circonstances écologiques. Cette uniformité était difficile à expliquer sous un modèle où la sélection dirigeait la plupart des substitutions, mais elle découlait naturellement si la dérive était la force principale.

La théorie neutre expliquait aussi l'énorme quantité de polymorphisme génétique découverte dans les populations naturelles. La génétique des populations classique avait supposé que la plupart des loci seraient monomorphiques, avec tous les individus portant le même allèle, parce que la sélection fixerait rapidement les variants bénéfiques et éliminerait les délétères. Mais les enquêtes moléculaires ont révélé des niveaux d'hétérozygotie bien plus élevés que ce que le modèle classique prédisait. Sous la théorie neutre, ce polymorphisme est facilement expliqué : les variants neutres dérivent vers des fréquences intermédiaires et persistent dans les populations pendant de longues périodes avant d'être éventuellement fixés ou perdus.

Cela fait sens, parce qu'après tout, un gène qui n'est qu'un sur 16,6 milliards à la naissance a un long chemin à parcourir avant d'atteindre la fixation, en supposant qu'il y parvienne jamais. Il faut du temps pour atteindre un sur un milliard, puis un sur un million, et au moment où il atteint un sur mille, il est présent chez 16,6 millions de personnes, et absent chez 16 583 400 000 personnes. Mais toutes ces personnes sont toujours humaines, malgré leurs gènes variés.

Structure Mathématique de la Théorie Neutre

La théorie neutre est construite sur les équations de diffusion que Kimura avait développées plus tôt. Quand le coefficient de sélection s égale zéro, ces équations se simplifient considérablement, et de nombreuses quantités peuvent être calculées en forme close.

Sous la neutralité, la probabilité de fixation égale la fréquence allélique initiale. Le temps moyen jusqu'à la fixation pour un allèle destiné à se fixer est $4N_e$ générations. Le temps moyen jusqu'à la perte pour un allèle destiné à être perdu est $(2N_e/(1-p))\ln(1/p)$ générations, où p est la fréquence initiale. L'hétérozygotie attendue à l'équilibre est $4N_e\mu/(1+4N_e\mu)$, où μ est le taux de mutation neutre.

Il n'est pas nécessaire que vous vous souveniez de ces formules, ou même que vous les compreniez, il est seulement important de saisir qu'elles permettent des prédictions numériques réelles qui peuvent être mesurées. Étant donné des estimations de la taille effective de population et du taux de mutation, on peut prédire le niveau de variation génétique attendu dans une population, le taux auquel les substitutions devraient s'accumuler, et l'échelle de temps sur laquelle les allèles neutres devraient dériver vers soit la fixation soit la disparition du pool génétique. Comparer ces prédictions aux données réelles de génétique des populations fournit un moyen de tester la théorie neutre.

Un Examen Critique : Ce Que les Modèles Supposent

La structure mathématique de la théorie de la fixation est impressionnante dans sa cohérence interne et son élégance numérique. Les équations produisent des chiffres qui semblent assez raisonnables pour passer l'évaluation par les pairs. Cependant, un examen plus attentif révèle que ces modèles opèrent à un niveau d'abstraction qui omet certaines réalités biologiques. C'est pourquoi comprendre ce que les modèles supposent, et ce qu'ils omettent, est essentiel pour interpréter correctement leurs prédictions de ce qui est, et ce qui n'est pas possible.

L'Abstraction des Coefficients de Sélection

La théorie classique de la fixation traite le coefficient de sélection s comme un paramètre donné – un nombre qui caractérise l'effet de fitness d'une mutation. Les équations décrivent ensuite comment les fréquences alléliques changent étant donné ce coefficient de sélection. Mais les modèles n'abordent pas d'où viennent les coefficients de sélection ou quels processus biologiques pourraient limiter leur efficacité.

Un coefficient de sélection de s signifie que les porteurs de l'allèle bénéfique ont, en moyenne, $(1 + s)$ fois plus de descendants survivants que les non-porteurs. Un coefficient de sélection de 0,01 (un avantage d'un pour cent) signifie que ces porteurs à fitness améliorée ont 101 descendants pour chaque 100 descendants nés des non-porteurs. Mais cette reproduction différentielle doit réellement avoir lieu chez des organismes réels vivant dans des environnements réels. Le coefficient de sélection n'est pas un paramètre libre qui peut être fixé à n'importe quelle valeur désirée ; en dehors des feuilles de calcul informatiques, il doit opérer dans les limites des circonstances matérielles de la survie et de la reproduction.

Les modèles mathématiques ne se soucient pas de ces réalités. Ils s'additionnent également bien que $s = 0{,}01$ représente une efficacité de fourrage légèrement meilleure, une résistance aux maladies marginalement améliorée, ou une attractivité fractionnellement accrue envers les partenaires. Le mécanisme biologique spécifique générant le différentiel de fitness est abstrait. Cette abstraction est analytiquement commode mais crée une déconnexion évidente entre le modèle mathématique et le monde réel biologique.

L'Absence de Limites Physiques à la Reproduction

L'aspect le plus important de cette déconnexion est que les modèles standards de la théorie de la fixation ne tiennent pas compte des limites liées au processus physique de reproduction. Les mathématiques décrivent comment les fréquences alléliques changent comme proportions abstraites, sans référence aux mécanismes du monde réel par lesquels les animaux produisent réellement des descendants pour perpétuer l'espèce.

Considérez ce que les équations de fixation modélisent réellement. Elles suivent une quantité p (fréquence allélique) alors qu'elle change de génération en génération. Le changement de p dépend du coefficient de sélection et de la dérive aléatoire. Mais les équations ne considèrent pas combien de descendants chaque organisme peut produire, l'âge de reproduction, combien de temps dure la période de gestation, quel pourcentage de descendants survit jusqu'à l'âge reproductif, ou toute autre contrainte physique sur la reproduction.

Dans le modèle Wright-Fisher, qui est le cheval de bataille standard de la génétique théorique des populations, chaque génération est produite en échantillonnant $2N$ gamètes de la génération parentale selon leurs fréquences, modifiées par la sélection. Le processus est instantané et sans contrainte. Le modèle ne demande pas si le nombre requis de descendants peut physiquement être produit dans le temps disponible ; il suppose simplement qu'ils l'ont été et continueront de l'être.

Cette omission est conséquente. Une souris peut produire des douzaines de descendants par an tandis qu'un éléphant produit un descendant tous les plusieurs années. Une bactérie peut se diviser en vingt minutes ; une génération humaine s'étend sur deux décennies. Les équations de fixation traitent toutes ces différentes espèces de la même manière, mesurant le temps en « générations » sans spécifier ce qu'est une génération ou quelle quantité de production reproductive est possible dans ce temps.

La Taille Effective de Population comme Facteur de Correction

Les généticiens des populations sont conscients que les populations réelles dévient des hypothèses idéalisées du modèle Wright-Fisher. Le concept de *taille effective de population* (N_e) a été introduit pour tenter de tenir compte de ces déviations. La taille effective de population est définie comme la taille d'une population Wright-Fisher idéalisée qui connaîtrait le même taux de dérive génétique que la population réelle.

Les facteurs qui réduisent N_e en dessous de la taille de population de recensement incluent : des ratios de sexe inégaux (moins de mâles reproducteurs que de femelles, ou vice versa), la variance dans le succès reproductif parmi les individus, les fluctuations de la taille de population au fil du temps, et la subdivision de la population. Typiquement, N_e est estimé être substantiellement plus petit que N de recensement, habituellement d'un ordre de grandeur ou plus.

Cependant, N_e est aussi un paramètre abstrait, un qui est estimé rétrospectivement à partir des schémas de variation génétique plutôt que de l'observation directe de la reproduction. Il corrige pour les déviations *réalisées* des hypothèses de Wright-Fisher mais n'incorpore pas les contraintes *mécanistiques* sur la reproduction. La taille effective de population nous dit quelle dérive a été observée, pas dans quelle mesure la dérive est possible étant donné la biologie des organismes en question.

The Canyon Separating Theory and Biology

La théorie neutre et ses extensions mathématiques fournissent un cadre puissant pour analyser les données génétiques et faire des inférences statistiques sur l'histoire évolutive. Ce sont des outils indispensables pour la génomique moderne. Mais ce sont des outils d'un type spécifique : ils décrivent la *génétique statistique* du changement de fréquence allélique, pas la *biologie reproductive* de comment les organismes transmettent réellement les gènes à la génération suivante.

Ce canyon importe parce que toutes les affirmations évolutives reposent sur des processus biologiques, pas sur des modèles statistiques. Quand nous disons qu'une mutation « s'est fixée » dans une population, nous voulons dire que des organismes réels portant cette mutation ont surpassé en reproduction leurs compétiteurs et ont transmis leurs gènes à des descendants qui ont survécu pour se reproduire à leur tour. Les mathématiques abstraient ce processus en trajectoires de fréquence allélique, mais le processus lui-même implique des organismes finis avec des capacités reproductives finies vivant dans un temps fini.

Les modèles classiques de fixation ne nous disent pas si un taux de fixation calculé est physiquement réalisable par des organismes avec des caractéristiques reproductives particulières. Ils ne demandent pas si le nombre de descendants requis pour changer les fréquences alléliques à un taux spécifié peut réellement être produit par des organismes qui gestent pendant neuf mois et élèvent des jeunes dépendants pendant des années. Ils n'incorporent pas les contraintes dures que la biologie impose sur le taux auquel le changement génétique peut se propager à travers une population d'organismes réels, incarnés.

Ce n'est pas une critique des modèles en tant qu'outils mathématiques. Dans leur domaine de validité – décrire le comportement statistique des allèles dans les populations idéalisées – ils sont élégants et utiles. Mais c'est une mise en garde contre les traiter comme des descriptions complètes de ce qui est biologiquement possible. Les mathématiques décrivent comment les fréquences alléliques changent *si* les populations se comportent de certaines manières; elles n'établissent pas *que* les populations peuvent se comporter de ces manières étant donné les contraintes de la biologie reproductive.

Considérez un économiste qui modélise l'accumulation de richesse des ménages en suivant le pourcentage de revenu épargné par le ménage chaque année. Le modèle est fiable et les mathématiques sont élégantes : si un ménage épargne une proportion *p* de son revenu et gagne un rendement *r* sur les investissements, la richesse du ménage croîtra selon des équations de croissance composée bien comprises. Le modèle peut calculer précisément combien de temps il faut pour atteindre n'importe quel niveau de richesse cible étant donné le taux d'épargne et le taux de rendement. Fixez *p* à 40 pour cent et *r* à 12 pour cent, et le modèle montrera un ménage devenant millionnaire en quinze ans et multimillionnaire en vingt-cinq.

Mais remarquez que le modèle omet l'argent qui entre réellement dans la famille. Un taux d'épargne de 40 pour cent produit les mêmes courbes de croissance dans les équations que le ménage gagne 30 000 $ ou 3 000 000 $ par an. Les proportions sont les mêmes; les ratios suivent les mêmes lois mathématiques; les courbes ont la même forme. Les chiffres s'additionnent tous joliment. Mais les résultats du monde réel ne seront pas les mêmes en raison de la divergence dans le revenu d'où ces épargnes hypothétiques doivent venir.

Cela crée ce qui devrait être un problème évident quand le modèle abstrait est utilisé pour faire des affirmations sur le monde réel. Une famille gagnant 30 000 $ par an ne peut possiblement pas accumuler un million de dollars en dix ans peu importe à quel point le modèle de richesse est élégant, parce que leur revenu total avant impôts sur cette période n'est que de 300 000 $. Le modèle mathématique peut facilement identifier une combinaison de taux d'épargne et de taux de rendement qui donne une trajectoire d'un million de dollars, mais il décrit un processus imaginaire qui ne peut possiblement pas avoir lieu étant donné les limites dures du revenu réel du ménage.

Pour un exemple historique récent de cet écart entre théorie et réalité, considérez le rapport de 2024 du Ministère de la Défense estonien concernant combien de missiles anti-aériens étaient requis par les Forces Armées Ukrainiennes pour se défendre contre les frappes de missiles russes cette année. Le modèle a conclu que 12 300 missiles suffiraient. Et bien que le modèle de défense aérienne ait pu être précis, il était néanmoins non pertinent parce que la production annuelle américaine entière de missiles anti-aériens n'était que de 3 600.

Le Problème des Générations Chevauchantes

Ce qui peut ne pas être immédiatement évident, c'est que les modèles générationnels, y compris le modèle Wright-Fisher qui sous-tend la majeure partie de la théorie de la fixation, supposent que la génération parentale tout entière est intégralement remplacée par la génération de descendants. C'est vrai pour les bactéries. Ce ne l'est pas pour les humains, les insectes, les mammifères, ni même les grands arbres. En fait, ce n'est même pas vrai pour les mouches à fruits.

Dans une population humaine avec une espérance de vie moyenne de 50 ans et une taille stable, approximativement 2 % de la population meurt et est remplacée chaque année. Les autres 98 % survivent, portant leurs allèles existants inchangés dans l'année suivante. Quand les généticiens parlent d'une « génération » humaine de 20 à 25 ans, ils ne décrivent pas un événement de remplacement de masse effectif qui a lieu toutes les deux décennies, mais une abstraction représentant le temps moyen entre la naissance du parent et celle de l'enfant. Le problème est donc que, dans le monde réel, à tout moment donné, des individus de quatre ou cinq générations différentes coexistent et sont en compétition pour les ressources, y compris les ressources reproductives.

Quand le plus jeune enfant de Mick Jagger est né, celui-ci avait 73 ans. Il était donc reproducteur couronné de succès à travers trois générations génétiques, et pas seulement celle qui lui est formellement attribuée par les scientifiques.

Cela a des conséquences profondes pour la dynamique de fixation. Dans le modèle discret, un allèle bénéfique avec s = 1,0 peut doubler de fréquence à chaque génération parce que les porteurs peuvent surpasser les non-porteurs en reproduction à travers toute la population. Dans une population humaine réelle, cet allèle ne peut augmenter sa représentation que parmi les 2 % de places libérées par les décès cette année. Les 98 % restants de la population ne sont pas en jeu, car ces individus existent déjà, ils portent déjà les allèles qu'ils portent fortuitement, et ils ne seront pas remplacés dans la population jusqu'à leur mort. Même si les porteurs d'un allèle particulier capturaient improbablement *chaque* place de remplacement pendant une année entière, la fréquence de l'allèle ne pourrait changer que de 2 % de la population totale.

Le taux effectif de changement de fréquence n'est donc pas $\Delta p \approx sp(1-p)$, mais quelque chose de plus proche de $\Delta p \approx dsp(1 - p)$, où$d$ est la fraction de la population remplacée par unité de temps.

Pour les humains, $d \approx 0{,}0225$ par an. Ce qui signifie donc que $d \approx 0{,}45$ par génération.

Ce coefficient mesure l'efficacité avec laquelle la sélection peut modifier les fréquences alléliques quand les générations se chevauchent. Dans un modèle à générations discrètes, chaque individu se reproduit une seule fois puis meurt – l'ensemble du pool génétique est renouvelé à chaque génération, et la sélection opère à pleine efficacité. Or les humains ne fonctionnent pas de cette manière. Les individus qui étaient déjà adultes à la génération N continuent de se reproduire aux générations $N + 1$, $N + 2$, et au-delà. Ils transmettent leurs allèles « anciens », diluant ainsi l'effet de la sélection sur chaque nouvelle génération. Une mutation bénéfique qui survient à la génération N doit rivaliser non seulement avec ses contemporains, mais également avec la progéniture d'individus des générations précédentes qui contribuent encore au pool génétique.

La valeur $d = 0{,}45$ signifie que seuls 45 % de la contribution reproductive au cours d'une génération donnée proviennent de nouveaux individus ; les 55 % restants proviennent d'individus qui se reproduisaient déjà au cours des générations précédentes. La sélection ne peut opérer que sur la fraction qui se renouvelle. Si la formule de Kimura donne un temps de fixation de 20 générations en supposant un renouvellement complet à chaque génération, le temps de fixation réel dans une population où la sélection opère à 45 % d'efficacité sera d'approximativement 44 générations.

Dès lors, si l'on prend pour exemple la divergence humain-chimpanzé bien connue, l'estimation standard de 450 000 générations doit être ajustée, car il ne s'agit pas de 450 000 événements de renouvellement complet, mais bien 450 000 durées générationnelles au cours desquelles moins de la moitié de la population reproductive s'est renouvelée à chaque cycle. En l'occurrence, le nombre effectif de générations équivalentes à un renouvellement complet est d'approximativement 450 000 · 0,45 = 202 500. Cela signifie que le temps disponible pour la fixation chez les humains représente moins de la moitié de ce que le décompte brut des générations laisse supposer.

Cette correction liée au cycle de vie pour les générations réelles n'est intégrée dans aucun des modèles de la théorie de la fixation susmentionnés. Les modèles font abstraction de la réalité physique indéniable selon laquelle la majeure partie de la population, à tout moment donné, est simplement présente – ne mourant ni ne naissant, n'étant ni sélectionnée ni soumise à la dérive, mais simplement vivante. Le caractère contraint par les places disponibles de la reproduction réelle chez les espèces longévives constitue une variable supplémentaire d'importance que les modèles mathématiques abstraits de la génétique des populations ne saisissent pas.

Or, un défenseur sophistiqué rompu à la génétique des populations – ou, comme c'est plus vraisemblablement le cas, recourant à une IA – soutiendra que le nombre de générations équivaut au temps total divisé par le temps de génération, indépendamment des générations chevauchantes, au motif que les mutations surviennent le long des lignées individuelles à ce taux. Cela confond l'*occurrence* des mutations avec leur *fixation*. Certes, le long d'une lignée donnée – en remontant du parent à l'enfant puis au petit-enfant – une naissance survient tous les 20 à 25 ans, soit 450 000 événements reproductifs sur 9 millions d'années.

Or la fixation n'est pas un phénomène à l'échelle de la lignée. La fixation exige qu'un allèle apparu chez un seul individu se propage *à travers l'ensemble de la population*, remplaçant tous les allèles alternatifs jusqu'à atteindre une fréquence de 100 %. Dans le modèle Wright-Fisher, cette propagation transpopulationnelle se produit automatiquement, car l'ensemble de la population est renouvelé à chaque génération – chaque individu de la génération $N + 1$ descend de la génération N. Dans les populations humaines réelles à générations chevauchantes, un allèle doit se propager à travers cinq générations coexistantes dont toutes ne descendent pas des porteurs actuels. Une mutation survenant chez un individu de 20 ans doit supplanter les allèles portés par des individus de

40, 60 et 80 ans qui se reproduisent encore ou dont les enfants continuent de se reproduire.

Cela ralentit considérablement le taux de changement de fréquence par année calendaire comparativement au modèle à générations discrètes. La « génération » Wright-Fisher qu'emploie la génétique des populations est un événement de renouvellement complet de la population fondé sur les bactéries de laboratoire, et non simplement un intervalle de naissances le long d'une lignée. Décompter 450 000 générations humaines réelles sur la base d'un modèle qui présuppose 450 000 renouvellements complets de population constitue une erreur de catégorie fondamentale qui surestime systématiquement l'ampleur du changement évolutif possible au sein d'une population.

Résumé

La fixation est le processus par lequel un variant génétique se propage depuis sa première apparition chez un seul individu jusqu'à atteindre une prévalence universelle au sein d'une population. La théorie classique de la fixation, élaborée par Fisher, Wright et Haldane, a établi les résultats fondamentaux : les mutations bénéfiques ont une probabilité de fixation d'approximativement 2s, et les temps moyens de fixation varient selon la taille de population et l'intensité de sélection.

Les approximations par diffusion de Kimura ont fourni un cadre mathématique rigoureux à ces résultats et ont mené à la théorie neutre de l'évolution moléculaire, laquelle postule que la majeure partie de la variation génétique et la plupart des substitutions évolutives sont sélectivement neutres. La théorie neutre formule des prédictions quantitatives concernant les niveaux de polymorphisme, les taux de substitution et l'horloge moléculaire.

Cependant, tous ces modèles mathématiques opèrent à un haut niveau d'abstraction. Ils décrivent les fréquences alléliques évoluant selon des lois statistiques, mais n'intègrent pas les contraintes physiques de la reproduction telles que les durées de gestation, les tailles de portée, les longueurs de génération, ou les innombrables facteurs biologiques qui déterminent le nombre de descendants qu'un organisme peut effectivement produire. Le paramètre de taille effective de population corrige certaines déviations observées par rapport aux hypothèses du modèle, mais ne saisit pas les contraintes mécanistiques que la biologie impose au taux de propagation génétique.

Comprendre ce que les modèles de fixation peuvent et ne peuvent pas nous apprendre est essentiel pour interpréter correctement les assertions évolutionnistes. Les modèles fournissent une description statistique de la manière dont les fréquences alléliques évoluent ; ils n'établissent pas les limites biologiques quant à la rapidité avec laquelle ces changements peuvent se propager au sein de populations d'organismes aux capacités reproductives finies.

Chapitre 13
Le Modèle de Fixation Bio-Cycle

Soit dit en passant, une chose qui n'est parfois pas comprise, même par ceux qui se préoccupent des problèmes démographiques, est que la croissance démographique dépend du moment où les gens ont des enfants, autant que du nombre d'enfants qu'ils ont. Puisque les populations tendent à croître d'une certaine proportion par génération, il s'ensuit que si l'on espace davantage les générations, la population croîtra à un rythme plus lent par année.

– Richard Dawkins, *Le Gène Égoïste*, 1976

1. Objectif

Les modèles standards de fixation allélique, y compris les approximations par diffusion de Kimura, traitent le coefficient de sélection s comme un paramètre non contraint et supposent des générations discrètes et non chevauchantes. Ce chapitre dérive deux contraintes biologiques absentes des modèles standards : (1) le plafond sur s imposé par la capacité reproductive finie, et (2) la réduction de la sélection effective causée par les générations chevauchantes chez les espèces à longue durée de vie. Les deux contraintes sont incorporées dans des équations de fixation modifiées.

2. Définitions

N = taille de population recensée
N_e = taille effective de population
p = fréquence de l'allèle bénéfique ($0 \leq p \leq 1$)

s = coefficient de sélection (la fitness des porteurs par rapport aux non-porteurs est $1 + s$)
R = nombre moyen de descendants survivants par individu par génération
R_{max} = descendants survivants maximum biologiquement atteignables par individu par génération
R_{min} = descendants minimum par individu (= 0, puisqu'un individu peut échouer à se reproduire entièrement)
d = fraction de la population remplacée par génération (taux de renouvellement)

Partie I : Contraintes Reproductives

3. Le Modèle Standard

Dans le modèle standard à un locus avec sélection, les porteurs de l'allèle bénéfique ont une fitness $1 + s$ par rapport aux non-porteurs avec fitness 1. Le changement attendu de fréquence allélique par génération est :

$$\Delta p \approx sp(1 - p)$$

pour s petit. Cette équation ne place aucune limite supérieure sur s. Mathématiquement, s peut prendre n'importe quelle valeur positive, impliquant des différentiels de fitness arbitrairement grands entre porteurs et non-porteurs.

4. La Contrainte Reproductive

Le coefficient de sélection s représente la reproduction différentielle : les porteurs produisent $(1 + s)$ fois plus de descendants survivants que les non-porteurs. Si les non-porteurs produisent R descendants en moyenne, les porteurs produisent $R(1 + s)$ descendants.

Mais la production reproductive est bornée au-dessus par R_{max}, le nombre maximum de descendants survivants qu'un individu peut produire étant donné les contraintes biologiques de l'organisme : temps de gestation, lactation, investissement parental, disponibilité des ressources et durée de vie.

Cela impose un plafond sur le coefficient de sélection :

$$R(1 + s) \leq R_{max}$$

En résolvant pour s :

$$s \leq (R_{max} - R)/R = s_{max}$$

où s_{max} est le coefficient de sélection maximum biologiquement atteignable.

5. Paramètres Reproductifs Estimés pour les Humains

Pendant la plupart de l'histoire évolutive humaine, les populations étaient approximativement stables, impliquant $R \approx 2$ (chaque individu, en moyenne, se remplaçait avec deux descendants qui survivaient jusqu'à l'âge reproductif, tenant compte du génome diploïde).

La valeur de R_{max} est contrainte par la biologie reproductive humaine : Fenêtre reproductive féminine : approximativement 25 ans (âges 15–40) Intervalle minimum entre naissances avec allaitement : approximativement 2,5–3 ans Naissances maximum dans une vie par femelle : approximativement 8–12 Taux de survie des enfants jusqu'à l'âge adulte pré-moderne : approximativement 50% Descendants survivants maximum par femelle : approximativement 4–6

Les mâles peuvent potentiellement engendrer plus de descendants que les femelles ne peuvent en porter, mais la contrainte au niveau de la population est fixée par la capacité reproductive féminine, puisque chaque descendant nécessite exactement une mère. En prenant $R_{max} \approx 6$ comme limite supérieure généreuse pour un succès reproductif multigénérationnel soutenu :

$$s_{max} = (6 - 2)/2 = 2{,}0$$

Une estimation plus conservative utilisant $R_{max} \approx 4$:

$$s_{max} = (4 - 2)/2 = 1,0$$

Ainsi, pour les humains, des coefficients de sélection supérieurs à approximativement 1,0–2,0 sont biologiquement dénués de sens. Un allèle ne peut pas conférer un avantage sélectif supérieur à ce plafond peu importe à quel point il pourrait être théoriquement bénéfique, parce que les porteurs ne peuvent pas produire plus de descendants que la biologie reproductive ne le permet.

6. Asymétrie Entre Sélection Positive et Négative

La contrainte reproductive est asymétrique. Alors que la production reproductive est bornée au-dessus par R_{max}, elle est bornée au-dessous par zéro (un individu peut mourir sans se reproduire). Cela signifie :

Pour la sélection positive (allèle bénéfique se propageant) : $s \leq s_{max} = (R_{max} - R)/R$

Pour la sélection négative (allèle délétère étant éliminé) : le coefficient peut approcher -1 (les porteurs ne laissent aucun descendant), signifiant $s \leq -1$

La sélection peut éliminer un allèle plus vite qu'elle ne peut en fixer un. Une mutation létale ($s = -1$) est purgée en une seule génération, mais même la mutation la plus bénéfique nécessite plusieurs générations pour se fixer parce qu'aucun individu ne peut produire un nombre infini de descendants.

Partie II : Contraintes de Cycle de Vie

7. Le Problème des Générations Chevauchantes

Les modèles à générations discrètes – y compris le modèle Wright-Fisher qui sous-tend la plupart de la théorie de la fixation – supposent que la génération parentale entière est remplacée par la génération des descendants à chaque pas de temps. C'est vrai pour les bactéries pour lesquelles les modèles ont d'abord été développés. Cela ne vaut évidemment pas pour les humains, les mammifères, les insectes, ou la plupart des organismes à reproduction sexuée.

Dans une population humaine avec une durée de vie moyenne de 50 ans et une taille stable, approximativement 2 % de la population meurt et est remplacée chaque année. Les autres 98 % persistent, portant leurs allèles existants inchangés dans l'année suivante. Quand nous parlons d'une génération humaine de 20 à 25 ans, nous ne décrivons pas un événement de remplacement discret mais une abstraction représentant le temps moyen entre les naissances du parent et de l'enfant. À tout moment donné, des individus de quatre ou cinq générations coexistent et sont en compétition pour les ressources.

Vous n'êtes sans doute pas sans avoir remarqué qu'il reste encore bon nombre de Baby Boomers parmi nous. Si la vie obéissait à un modèle de fixation, ils auraient tous disparu au moment où la Génération X est arrivée. Mais puisque nous sommes des humains, et pas des bactéries, bon nombre d'entre eux demeurent présents et en bonne santé quatre générations plus tard.

Cela a des conséquences profondes pour la dynamique de fixation. Dans le modèle discret, un allèle bénéfique doté d'un coefficient $s = 1{,}0$ peut doubler de fréquence à chaque génération parce que les porteurs peuvent surpasser les non-porteurs en reproduction à travers toute la population. Dans une population humaine réelle, cet allèle ne peut augmenter sa représentation que parmi les 2 % de places libérées par les décès chaque année. Les 98 % restants de la population ne sont pas concernés – ces individus existent déjà, sont déjà porteurs des allèles qui les caractérisent, et ne seront pas remplacés jusqu'à ce qu'ils meurent. Même si les porteurs capturaient *chaque* place de remplacement pendant une année entière, la fréquence de l'allèle ne changerait que de 2 % de la population totale.

8. Le Taux de Renouvellement

Définissons d comme la fraction de la population renouvelée par génération. Pour une population avec une durée de vie moyenne L et un temps de génération T :

$$d \approx T/L$$

Pour les humains avec $T \approx 20$ ans et $L \approx 44$ ans :

$$d \approx 20/44 = 0{,}45$$

Cela signifie qu'approximativement 45 % de la population se renouvelle par génération, tandis que 55 % persiste inchangée.

9. Équation de Changement de Fréquence Modifiée

Dans une population avec des générations chevauchantes, la sélection n'opère que sur la fraction d qui se renouvelle à chaque génération. L'équation de changement de fréquence devient :

$$\Delta p \approx d \cdot sp(1 - p)$$

Le facteur d réduit la pression sélective effective en intégrant la population permanente qui n'est pas sujette au remplacement.

10. Générations Effectives

Le taux de renouvellement d peut être incorporé en définissant le nombre de *générations effectives* – le nombre équivalent d'événements de renouvellement complet :

$$G_{eff} = G \cdot d$$

où G est le nombre nominal de générations (temps écoulé divisé par la longueur de génération).

Pour la divergence humain-chimpanzé, l'estimation standard est approximativement 450 000 générations depuis le dernier ancêtre commun. En appliquant la correction de renouvellement :

$$G_{eff} = 450\,000 \cdot 0{,}45 = 202\,500 \text{ générations effectives}$$

Le temps disponible pour la fixation représente moins de la moitié de ce que le décompte brut des générations laisse supposer.

Partie III : Contraintes Combinées

11. Équations de Fixation Entièrement Contraintes

En intégrant à la fois la contrainte reproductive et la contrainte de cycle de vie, nous définissons :

Coefficient de sélection effectif :

$$s_{eff} = \min(s, s_{max})$$

Changement de fréquence contraint par génération :

$$\Delta p \approx d \cdot s_{eff} \cdot p(1 - p)$$

La formule de Kimura pour le temps moyen de fixation devient :

$$t \approx (2/(d \cdot s_{eff})) \cdot \ln (2N_e)$$

Le temps de fixation minimum, atteint quand $s = s_{max}$, est :

$$t_{min} = (2/(d \cdot s_{max})) \cdot \ln (2N_e)$$

12. Temps de Fixation Minimum pour les Humains

En utilisant $N_e \approx 10\,000$, $s_{max} = 1{,}0$, and $d = 0{,}45$:

$$t_{min} = (2/(0{,}45 \cdot 1{,}0)) \cdot \ln (20\,000)$$

$$t_{min} = 5 \cdot 9{,}9 \approx 44 \text{ générations}$$

À 20 ans par génération, cela représente approximativement 880 ans, ce qui constitue le temps minimum absolu pour qu'une seule mutation se fixe dans la population humaine, quel que soit son avantage sélectif.

Pour des mutations avec des coefficients de sélection réalistes ($s \approx 0{,}01$) :

$$t \approx (2/(0{,}45 \cdot 0{,}01)) \cdot \ln(20\,000) = 444 \cdot 9{,}9 \approx$$

4 400 générations ≈ 88 000 ans

13. Contrainte sur la Fixation Parallèle

La contrainte reproductive limite également le nombre de mutations susceptibles de se fixer simultanément. Considérez n mutations bénéfiques, chacune avec un coefficient de sélection s_i, ségrégant dans la population.

Un individu porteur de l'ensemble des n allèles bénéfiques possède une fitness d'approximativement $(1+s_1)(1+s_2)\ldots(1+s_n)$ par rapport à un individu n'en portant aucun. Pour des s_i petits, cela est approximativement $1 + \Sigma s_i$.

Le différentiel sélectif total est toujours borné par le plafond reproductif :

$$\Sigma s_i \leq s_{max}$$

Si 100 mutations bénéfiques ségrègent simultanément, chacune avec $s = 0{,}01$, la somme des coefficients de sélection est 1,0 – ce qui atteint déjà le plafond reproductif. L'individu porteur des 100 allèles bénéfiques ne saurait avoir deux fois plus de descendants qu'un individu n'en possédant aucun, car la biologie reproductive ne le permet pas.

Cette contrainte implique que la fixation parallèle ne s'échelonne pas de manière linéaire. Le taux auquel les mutations peuvent s'accumuler est limité non seulement par la dynamique de fixation à chaque locus mais par le différentiel reproductif total disponible à distribuer à travers tous les loci sous sélection.

Le Problème de la Moyenne

Un problème encore plus fondamental affecte la fixation parallèle et mérite une attention particulière, car il révèle une contradiction logique au cœur de l'objection formulée contre MITTENS.

Supposons qu'un critique soutienne que 157 000 mutations doivent se fixer en parallèle pour que les mathématiques évolutives fonctionnent. Prenons cette affirmation au sérieux et examinons ce qu'elle nécessiterait.

Si 157 000 mutations bénéfiques ségrègent simultanément dans une population, chaque individu doit en porter une certaine fraction. C'est ici que la Loi des Grands Nombres – l'un des principes fondateurs des statistiques – devient dévastatrice dans sa pertinence.

Pensez-y comme lancer une pièce 157 000 fois. Vous n'obtiendrez pas que des faces. Vous n'obtiendrez pas que des piles. Vous obtiendrez quelque chose de très proche de moitié-moitié – et il en sera de même pour tous ceux qui lancent 157 000 pièces. Plus vous lancez de pièces, plus les résultats de chacun convergent vers la moyenne.

Le même principe s'applique aux allèles bénéfiques. Si 157 000 mutations ségrègent dans la population, chacune à environ 50 % de fréquence (le point médian de la fixation), alors chaque individu portera approximativement 78 500 allèles bénéfiques. Pas exactement 78 500 – il y aura une certaine variation aléatoire – mais très proche.

Combien proche ? L'écart-type n'est que de 198 allèles. Cela signifie que dans une population de 10 000 individus :

— L'individu moyen porte 78 500 allèles bénéfiques
— L'individu « le plus chanceux » (un sur 10 000) porte environ 79 200 allèles bénéfiques
— L'individu « le moins chanceux » (un sur 10 000) porte environ 77 800 allèles bénéfiques

La différence entre le génotype optimal et le génotype le plus défavorable dans l'ensemble de la population est approximativement 1 400 allèles, soit moins d'un pour cent du total.

Cela engendre un dilemme inéluctable pour la défense par la fixation parallèle. Pour que la sélection opère avec quelque efficacité que ce soit, il faut qu'une fraction raisonnable de la population se situe aux deux extrêmes, certains individus possédant la majorité des allèles bénéfiques d'un côté, et des individus n'en possédant que quelques-uns de l'autre. Dès lors, si une fraction substantielle des femmes doit porter 9 000 enfants pour fournir le différentiel sélectif requis par 157 000 fixations simultanées, cela s'avère manifestement impossible. Même s'il ne s'agit que d'un pour cent de la population féminine, c'est toujours un pour cent de femmes portant 9 000 enfants chacune. Les mathématiques sont indifférentes à la manière dont on distribue la charge, car celle-ci ne peut tout simplement pas être distribuée.

Rappelons à présent ce que la sélection requiert. Pour que 157 000 mutations se fixent en parallèle, il doit exister des individus porteurs de *tous* les allèles bénéfiques ainsi que des individus qui n'en possèdent *aucun*, les premiers devant surpasser dramatiquement les seconds sur le plan reproductif. Le différentiel de fitness requis s'élève à 1 570 contre 1 – le génome optimal doit produire 1 570 fois plus de descendants que le génome le plus défavorable.

Or la Loi des Grands Nombres vient de nous démontrer qu'aucun tel individu ne saurait exister. Le génome optimal dans une population de 10 000 individus présente un avantage de fitness d'environ 14× par rapport au génome le plus défavorable – et ce, en comparant les extrêmes absolus, soit un individu sur dix mille. Le différentiel requis atteint en réalité 1 570×. Le scénario de fixation parallèle accuse un déficit d'un facteur supérieur à 100, y compris sous les hypothèses les plus favorables.

Or la situation réelle s'avère bien pire encore. Pour trouver ne serait-ce qu'*un* individu porteur de l'ensemble des 157 000 allèles bénéfiques, il faudrait chercher parmi $10^{47,262}$ individus. Pour donner un ordre de grandeur, l'univers observable renferme approximativement 10^{80} atomes. Il faudrait $10^{47,182}$ univers, chacun entièrement peuplé d'êtres humains, pour dénicher un seul individu au génome optimal.

Il ne s'agit pas d'improbabilité mathématique. Il s'agit d'impossibilité logique. L'objection de la fixation parallèle exige que la sélection opère sur une variance qui ne saurait exister. Lorsque de nombreux loci ségrègent simultanément, la Loi des Grands Nombres garantit que chacun possède un génotype quasi identique. Il n'existe ni gagnants ni perdants parmi lesquels la sélection pourrait discriminer. Le mécanisme même invoqué pour sauver l'évolution anéantit la variance dont la sélection dépend.

La sélection requiert des différences. La fixation parallèle abolit les différences. L'objection se réfute d'elle-même.

14. Implications

Les contraintes combinées, reproductive et de cycle de vie, entraînent plusieurs conséquences pour l'interprétation des modèles de fixation :

Primo, les coefficients de sélection sont bornés. Tout modèle qui requiert $s > s_{max}$ pour produire le changement génétique observé dans le temps disponible décrit un scénario biologiquement irréalisable.

Secundo, les temps de fixation possèdent un plancher. Aucune mutation ne peut se fixer plus vite que $t_{min} = (2/(d \cdot s_{max})) \ln(2N_e)$ générations, quel que soit l'avantage de fitness qu'elle confère.

Tertio, les générations effectives s'avèrent moins nombreuses que les générations nominales. Pour les espèces à longue durée de vie avec des générations chevauchantes, le nombre de générations équivalentes à un remplacement complet est $G_{eff} = G \cdot d$, substantiellement inférieur au décompte brut des générations.

Quarto, la fixation parallèle se trouve contrainte. Le différentiel de sélection total sur l'ensemble des mutations bénéfiques en ségrégation ne saurait dépasser s_{max}, ce qui limite le taux auquel les substitutions adaptatives peuvent s'accumuler.

Quinto, la contrainte présente une asymétrie. Les allèles délétères peuvent être éliminés plus rapidement que les allèles bénéfiques ne peuvent être fixés, car mourir s'avère plus aisé que se reproduire à son maximum.

Les équations de fixation classiques demeurent valides dans leur domaine – elles décrivent correctement l'évolution des fréquences alléliques pour un coefficient de sélection donné au sein d'une population idéalisée à générations discrètes. Toutefois, elles ne contraignent pas le coefficient de sélection à des valeurs biologiquement réalisables, et elles n'intègrent pas la sélection effective réduite chez les espèces à générations chevauchantes. Les modifications proposées ici ne modifient pas les mathématiques de la fixation ; elles restreignent l'espace des paramètres et les échelles temporelles à des valeurs compatibles avec la biologie reproductive et le cycle de vie de l'organisme considéré.

15. Résumé

Le coefficient de sélection maximal s'établit à :

$$s_{max} = (R_{max} - R)/R$$

Pour les humains, il atteint approximativement 1,0 à 2,0.

Le taux de renouvellement s'établit à :

$$d = T/L$$

Pour les humains, il s'élève à approximativement 0,45.

Le temps de fixation minimum est :

$$t_{min} = (2/(d \cdot s_{max})) \cdot \ln (2N_e)$$

Pour les humains avec $N_e \approx 10\,000$, c'est approximativement 44 générations ou 880 ans.

Le nombre de générations effectives est :

$$G_{eff} = G \cdot d$$

Pour la lignée humaine depuis le DACH, cela ramène 450 000 générations nominales à approximativement 202 500 générations humaines effectives.

Ces contraintes découlent d'observations élémentaires : la sélection opère par reproduction différentielle, la reproduction est finie, et chez les espèces à longue durée de vie, la plupart de la population à tout moment donné ne meurt ni ne naît.

Les deux contraintes théoriques dérivées dans ce chapitre, le plafond reproductif sur les coefficients de sélection et la sélection effective réduite dans les générations chevauchantes, ne sont pas simplement des abstractions mathématiques. Elles font des prédictions spécifiques et testables sur la vitesse à laquelle les mutations peuvent réellement se propager à travers des populations réelles. Quand le Modèle de Fixation Bio-Cycle est testé contre les données de séries temporelles d'ADN ancien pour trois loci indépendants dans les populations humaines utilisant des coefficients de sélection publiés, et comparé aux résultats pour le modèle de Kimura, les résultats sont frappants :

Précision de Prédiction du Modèle Comparée aux Fréquences Alléliques Observées

Locus	Observé	Publié	Prédiction Kimura	Prédiction Bio-Cycle	Réduction d'erreur
Lactase (LCT/MCM6)	75,0%	0,05	99,9%	66,2%	65%
SLC45A2 (pigmentation)	97,0%	0,045	99,9%	96,2%	72%
TYR (pigmentation)	76,0%	0,03	99,3%	82,7%	71%

Le modèle standard de Kimura surestime systématiquement les fréquences alléliques, les conduisant à une quasi-fixation quand les fréquences observées restent substantiellement plus basses. Le modèle Bio-Cycle, incorporant la correction du chevauchement des générations de $d \approx 0{,}45$, réduit l'erreur de prédiction d'une moyenne de 69 % à travers les trois loci. Ces loci diffèrent par le type de pression sélective, la fréquence de départ, la période de temps et la région géographique – pourtant tous convergent indépendamment vers le même facteur de correction. La dérivation complète et la méthodologie de validation sont présentées dans l'Annexe D.

Les implications s'étendent bien au-delà de la correction d'une formule mathématique souvent utilisée. Si le modèle Bio-Cycle est correct – et trois séries temporelles d'ADN ancien indépendantes qui sont l'étalon-or des données scientifiques disponibles disent qu'il l'est – alors le nombre effectif de générations disponibles pour le changement évolutif chez les humains n'est pas 450 000 depuis la divergence chimpanzé-humain, mais 202 500. Le temps disponible pour la fixation est moins de la moitié de ce que les néo-darwinistes ont supposé pendant des décennies.

Et la chose très importante à noter ici est que cette correction à l'équation de fixation s'applique non seulement à la sélection naturelle, mais à la sélection sexuelle, à la dérive génétique, à la théorie neutre, et à chaque autre mécanisme proposé de changement évolutif. Il n'y a pas d'échappatoire aux implications. Chaque allèle, qu'il soit bénéfique, neutre ou délétère, doit se propager à travers le même goulot d'étranglement reproductif, une naissance à la fois, dans une population où moins de la moitié des individus sont remplacés à chaque génération. L'impossibilité mathématique du néo-darwinisme ne s'émousse nullement sous un examen technique minutieux. Au contraire, elle porte l'impossibilité au carré.

Chapitre 14
La Question à Laquelle Darwin Ne Pouvait Répondre

Les nouveautés séduisent la plupart des gens; pour nous, elles sont simplement agaçantes. Nous nous accrochons à une théorie depuis longtemps admise, tout comme nous nous accrochons à un vieux costume. Une théorie nouvelle, tout comme une nouvelle paire de culottes... comporte à coup sûr des endroits qui frottent.

– Asa Gray, « Darwin on the Origin of Species », *The Atlantic Monthly*, juillet 1860

Avant que Charles Darwin ne publiât *De l'Origine des Espèces* en 1859, il partagea sa théorie en gestation avec un cercle restreint de correspondants triés sur le volet. Parmi eux figurait le professeur Asa Gray, botaniste à Harvard qui allait devenir le plus important allié américain de Darwin – et, paradoxalement, l'homme qui comprenait suffisamment bien la théorie de Darwin pour en identifier la question sans réponse.

Le Père de la Botanique Américaine

Asa Gray vit le jour en 1810 à Sauquoit, dans l'État de New York. Formé à la médecine, il abandonna cette discipline au bout de deux ans pour se consacrer à sa passion pour les plantes. Dès les années 1840, il s'était imposé comme le botaniste le plus éminent d'Amérique, occupant une chaire à Harvard et édifiant ce qui allait devenir l'herbier le plus important de l'hémisphère occidental. Son *Manual of the Botany of the Northern United States*, dont la première édition parut en 1848, demeura l'ouvrage de référence sur la flore nord-américaine pendant plus d'un siècle.

Gray n'était pas un simple compilateur de plantes. Ses travaux sur la distribution géographique des espèces – notamment son observation selon laquelle la flore de l'est de l'Amérique du Nord présentait des similitudes remarquables avec celle de l'est de l'Asie – fournirent des preuves cruciales pour la théorie en développement de Darwin. Ce schéma de distribution disjointe ne s'expliquait nullement dans le cadre de la doctrine alors prévalente de la création spéciale, laquelle postulait que chaque espèce avait été créée indépendamment en son emplacement actuel. En revanche, il trouvait tout son sens si les espèces descendaient d'ancêtres communs et avaient migré par d'anciennes connexions terrestres.

Darwin perçut immédiatement l'importance de Gray. Leur correspondance, entamée en 1855 et poursuivie jusqu'à la mort de Darwin en 1882, compte plus de 300 lettres et constitue l'un des grands dialogues scientifiques du XIXe siècle. Darwin estimait Gray non seulement pour son expertise botanique, mais aussi pour sa rigueur intellectuelle et sa disposition à aborder sérieusement les questions difficiles. « Nul ne comprend mes vues et ne les a défendues aussi bien qu'Asa Gray », écrivit Darwin. Il dédia son ouvrage *Forms of Flowers* à Gray et confia en 1881 : « il n'est guère personne au monde dont j'estime l'approbation plus hautement que la vôtre. »

Le Champion de Darwin en Amérique

Lors de la parution de *L'Origine des Espèces*, l'ouvrage se heurta à une opposition immédiate tant sur des bases scientifiques que religieuses. En Amérique, le critique le plus éminent se nommait Louis Agassiz, collègue de Gray à Harvard et naturaliste le plus célèbre du pays. Agassiz rejeta intégralement l'évolution, soutenant que chaque espèce constituait une création distincte reflétant l'esprit de Dieu.

Gray s'imposa comme le principal défenseur de Darwin dans le Nouveau Monde. Il organisa la première édition américaine de *L'Origine*, négocia les droits d'auteur au nom de Darwin et rédigea une série de critiques et d'essais influents pour défendre la théorie contre ses détracteurs. Ces essais, réunis en 1876 sous le titre *Darwiniana*, constituent le premier ouvrage américain d'envergure sur la théorie de l'évolution.

Cependant, Gray n'était pas un disciple acceptant sans réserve les vues de Darwin. Presbytérien dévot, il ne percevait aucun conflit entre sa foi et sa science, et discernait également une lacune dans la théorie de Darwin que Darwin lui-même ne parviendrait jamais à combler à sa propre satisfaction.

La Source de la Variation

La théorie de Darwin reposait sur deux composantes : la variation et la sélection. La sélection naturelle ne pouvait opérer que sur la matière première fournie par la variation – les différences entre individus qui rendaient certains mieux adaptés que d'autres à leur environnement. Darwin documenta la sélection de manière exhaustive, démontrant comment les éleveurs pouvaient transformer animaux et plantes domestiques en choisissant quels individus faire se reproduire. La nature, soutenait-il, procédait de même, en sélectionnant les variantes les plus aptes à chaque génération.

Mais d'où provenait la variation ? Darwin n'avait pas de réponse. Le mécanisme de l'hérédité demeurait inconnu à son époque ; les travaux de Mendel sur la génétique ne seraient redécouverts qu'en 1900, près de deux décennies après la mort de Darwin. Darwin pouvait observer que les descendants différaient de leurs parents, mais il ne pouvait expliquer ni pourquoi ni comment. La source de la variation et l'origine de la matière première sur laquelle la sélection agissait restaient une boîte noire pour lui et pour tous les autres à l'époque.

Gray insista sur ce point avec vigueur. Si la variation était véritablement aléatoire, si elle était non dirigée, sans finalité, et apparaissant par hasard, alors la théorie de Darwin s'avérait complète en tant qu'explication matérialiste. Mais si la variation n'était pas aléatoire, si elle était de quelque manière guidée ou canalisée le long de certaines voies bénéfiques, alors l'apparence de dessein dans la nature reflétait probablement un dessein réel et intentionnel, opérant à travers le processus de variation, plutôt qu'en opposition à la sélection naturelle.

La métaphore de Gray demeure mémorable : « La sélection naturelle n'est pas le vent qui propulse le navire, mais le gouvernail qui, par friction, tantôt d'un côté et tantôt de l'autre, en façonne le cours. Le gouvernail agit lorsque le navire est en mouvement, et n'accomplit rien quand il est à l'arrêt. » Le vent, étant la source du mouvement et représentant l'origine de la variation, constituait ce que Darwin était incapable d'identifier.

Darwin saisissait l'argument de Gray et s'en trouvait troublé. En 1860, il écrivit à Gray : « J'ai récemment correspondu avec Lyell, qui, je crois, adopte votre idée selon laquelle le courant de variation a été orienté ou conçu. Je lui ai demandé s'il croyait que la forme de mon nez avait été conçue. S'il le croit, je n'ai plus rien à ajouter. »

Le sarcasme masquait une incertitude bien réelle. Darwin admit qu'il se trouvait « dans un bourbier » s'agissant de cette question. C'était le même bourbier, nota-t-il, qui avait affligé l'antique problème du libre arbitre et de la prédestination. Il lui était impossible de prouver que la variation était aléatoire; il ne pouvait que le supposer. Et il reconnaissait que l'alternative de Gray, qui combinait variation dirigée et sélection naturelle, était logiquement cohérente et scientifiquement indiscernable de sa propre position sur le plan des phénomènes observables.

Dans *The Variation of Animals and Plants Under Domestication* (1868), Darwin aborda directement la position de Gray : « Quelque envie que nous en ayons, nous pouvons difficilement suivre le Professeur Asa Gray dans sa conviction que "la variation a été orientée le long de certaines voies bénéfiques", comme un cours d'eau "le long de canaux définis et utiles d'irrigation". » Or l'objection de Darwin était philosophique plutôt que scientifique. Il lui était impossible de démontrer que la variation était non dirigée; il ne pouvait qu'affirmer que postuler une direction rendrait la sélection naturelle superflue. Toutefois, ce n'était là que son opinion, non un argument ni une preuve.

Or, comme nous l'avons établi, la sélection naturelle est à la fois triviale et superflue. Considérez les implications de cela.

Pourquoi Gray Compte Maintenant

Asa Gray s'éteignit en 1888, longtemps avant la découverte de l'ADN, le déchiffrement du code génétique, ou encore la capacité de séquencer des génomes et de dénombrer les mutations. Il ne pouvait savoir que la question cruciale qu'il avait soulevée quant à savoir si la variation est aléatoire ou dirigée deviendrait susceptible de recevoir une réponse empirique et concluante. Il argumenta à juste titre, sur des fondements philosophiques et théologiques, en faveur d'une position qui peut désormais être évaluée à l'aune des mathématiques et de la science génétique.

Ce que le Dr Tipler a eu la bonté d'appeler la Théorie Gray-Day de l'Évolution reprend l'intuition de Gray et l'actualise avec la génétique moderne. Nous savons désormais que les différences génétiques entre espèces peuvent être dénombrées avec précision. Nous savons comment les mutations apparaissent et comment elles se propagent au sein des populations. Nous pouvons calculer les taux auxquels la variation non dirigée, filtrée par la sélection naturelle, est susceptible de produire un changement évolutif. Et nous pouvons comparer ces taux calculés aux différences constatées entre les espèces ainsi qu'au temps disponible pour que ces différences se soient accumulées.

Lorsque nous effectuons cette comparaison, nous découvrons ce que Gray soupçonnait : les chiffres ne concordent pas. La variation requise pour produire les différences constatées entre les humains et leurs plus proches parents, dans le temps imparti, excède ce que la mutation aléatoire et la sélection naturelle sont en mesure d'accomplir. Le vent qui propulse le navire ne souffle pas assez fort pour rendre compte de la distance parcourue.

Gray était dans l'impossibilité d'étayer sa thèse en 1860. Mais dans le présent ouvrage, nous avons accompli des progrès substantiels en direction de cette preuve. Les mathématiques de la fixation, dûment contraintes par les réalités biologiques de la reproduction et des cycles de vie, démontrent que l'évolution non guidée ne saurait expliquer la transformation génétique des espèces dans le temps proposé par la théorie évolutive conventionnelle. Quelque chose d'autre est requis. Ce quelque chose d'autre, ce vent qui propulse le navire, est ce que Gray, il y a un siècle et demi, appelait dessein, et ce que j'appelle Manipulation Génétique Intelligente.

Chapitre 15
La Manipulation Génétique Intelligente

L'homme est le résultat d'un processus naturel et sans but qui ne l'avait pas en vue.

– George Gaylord Simpson, *The Meaning of Evolution*, 1949

Si les mathématiques de la fixation démontrent que la mutation non dirigée et la sélection naturelle sont incapables de rendre compte des différences génétiques constatées entre les espèces dans le temps imparti, alors quelque chose d'autre doit y pourvoir. Je désigne ce quelque chose d'autre sous le nom de *Manipulation Génétique Intelligente*, ou MGI. Le terme est délibérément neutre quant à l'identité, la nature ou les motifs du manipulateur. Il ne spécifie que ce que les données probantes et les mathématiques indiquent : que l'ensemble des changements génétiques que nous observons dans les données génomiques ont été opérés délibérément plutôt que d'être apparus par hasard ou par l'un des mécanismes évolutifs proposés auxquels ils ont été attribués au cours des 150 dernières années, y compris la sélection naturelle.

Ce que la MGI signifie – et ce qu'elle ne signifie pas

La MGI est un concept opérationnel, non théologique. Elle postule que certains changements génétiques ont été introduits dans les lignées par un agent intelligent apte à modifier les génomes. Elle n'affirme rien quant à l'identité de cet agent, quant à ses desseins ultimes, ou quant au fait qu'il opère à l'intérieur ou à l'extérieur de l'ordre naturel. Ce sont des questions distinctes, et les confondre a engendré plus de confusion que de clarté dans les débats sur le dessein.

Les éléments probants en faveur de la MGI sont de nature mathématique : les taux de fixation requis pour produire la divergence génétique constatée excèdent ce qui est biologiquement possible par des processus naturels non dirigés et dépourvus de finalité. Ces données sont agnostiques quant à l'identité du manipulateur. Un génome qui a été modifié demeure un génome modifié, que l'auteur de ces modifications soit Dieu, un ange, un extraterrestre, un voyageur temporel, ou un programmeur exécutant une simulation ancestrale. Les empreintes de la manipulation, qui consistent en des changements génétiques qui n'auraient pu se fixer naturellement dans le temps imparti, se ressemblent quels que soient les doigts qui les ont laissées.

La question du concepteur

Les critiques des arguments en faveur du dessein présupposent souvent que « dessein » implique un concepteur bien précis : le Dieu omnipotent et omniscient du théisme classique, créant *ex nihilo*, et dont les œuvres devraient donc manifester une optimisation parfaite. Lorsque les systèmes biologiques affichent des inefficacités apparentes telles que le nerf de la girafe, la colonne vertébrale humaine ou le point aveugle de l'œil des vertébrés, ces critiques anti-théistes déclarent le dessein réfuté. Or il s'agit d'un *non sequitur*. L'argument prouve tout au plus qu'une *conception particulière* du concepteur paraît contestable d'un point de vue humain. Il ne prouve pas que nul concepteur n'existe. Il ne prouve même pas que le Concepteur qu'ils sont si impatients de réfuter n'a rien conçu.

Considérez la gamme de possibilités qui demeurent ouvertes même si nous accordons, pour les besoins de l'argument, que les caractéristiques sous-optimales excluent un concepteur interventionniste qui serait simultanément omnipotent et omniscient. Cette concession, que je ne fais pas réellement, laisse toujours de nombreux candidats.

La Cause Première

Le Moteur Immobile d'Aristote se situe au fondement de la métaphysique occidentale en tant que cause ultime de tout mouvement et de tout changement dans l'univers. Cette conception de Dieu, affinée par Thomas d'Aquin en la Cause Première du théisme classique, diffère profondément de la divinité interventionniste présupposée par les critiques du dessein. La Cause Première ne bricole pas la création à la manière d'un mécanicien ajustant un moteur. Elle constitue plutôt le fondement de l'être lui-même, l'existence nécessaire dont dépend toute existence contingente, l'acte pur qui rend toute potentialité possible.

Un Dieu opérant en tant que Cause Première pourrait établir les lois et les conditions initiales qui rendent la vie possible, y compris les mécanismes par lesquels la manipulation génétique s'opère, sans modifier personnellement chaque génome. Il ne s'agit pas de déisme – l'idée que Dieu a créé l'univers puis l'a abandonné. C'est la reconnaissance du fait qu'un être omnipotent n'a pas besoin de tout accomplir directement. Un roi qui commande une armée ne livre pas personnellement chaque bataille ; sa volonté est accomplie par une hiérarchie d'agents. De même, la volonté de la Cause Première pourrait être accomplie par des causes secondaires telles que des intelligences angéliques, des lois naturelles dotées de tendances directionnelles, ou divers mécanismes que nous n'avons pas encore mis au jour.

La synthèse médiévale avait saisi cela. Thomas d'Aquin distinguait entre causalité primaire et secondaire : Dieu est la cause première de tout, mais les causes secondes constituent des causes réelles à part entière. Quand le feu consume du bois, Dieu est la cause première, mais le feu est une véritable cause seconde de la transformation du bois en chaleur, en fumée et en cendres. Ce cadre permet de concilier souveraineté divine et absence de microgestion divine.

Appliqué à la MGI, ce cadre implique que la manipulation génétique pourrait être véritablement intelligente et opérée par des agents seconds agissant selon leurs natures et finalités propres, tout en demeurant sous l'égide de la providence de la Cause Première. La manipulation ne serait pas naturelle au sens où elle résulterait de processus physiques non dirigés, mais elle serait naturelle en ce sens qu'elle opérerait à travers des agents créés plutôt que par une intervention divine directe. La Cause Première demeurerait indemne des objections concernant le dessein sous-optimal, ayant délégué les détails à des causes moindres œuvrant sous des contraintes que la Cause Première elle-même ne partage pas.

Cette conception présente l'avantage supplémentaire d'expliquer pourquoi les desseins biologiques pourraient paraître sous-optimaux sans imputer d'incompétence à la sagesse divine. Si les concepteurs immédiats sont des êtres créés dotés de connaissances limitées et de priorités concurrentes, leur œuvre refléterait ces limitations. Un général n'est pas incompétent du fait que ses lieutenants commettent des erreurs tactiques ; il opère à un niveau d'abstraction distinct. Le dessein de la Cause Première pourrait consister en un cadre global, englobant les lois de la physique, la possibilité de la vie et la trajectoire générale de l'histoire cosmique, tandis que les mises en œuvre spécifiques sont confiées à des agents dont la compétence, quoique surhumaine, n'est pas infinie.

Le programmeur de simulation

En 2003, le philosophe Nick Bostrom publia un article qui fit grand bruit tant dans la philosophie académique que dans la culture populaire. Son « argument de la simulation » a établi qu'au moins l'une de trois propositions devait être vraie : soit les civilisations n'atteignent presque jamais leur maturité technologique, soit les civilisations technologiquement matures se désintéressent presque universellement de l'exécution de simulations ancestrales, soit nous vivons presque certainement, en ce moment même, dans une simulation informatique. La logique est limpide : si les civilisations avancées *exécutent* des simulations de leur histoire évolutive, elles en produiraient un nombre considérable, de sorte que les êtres simulés surpasseraient de très loin en nombre les êtres « réels », et que tout observateur donné serait presque certainement simulé.

Si nous vivons dans une simulation, alors le programmeur constituerait le créateur *de facto* de notre univers. Or ce créateur n'a pas besoin d'être omnipotent au sens métaphysique du terme. Le programmeur serait simplement un ou plusieurs membres d'une civilisation plus évoluée, dotés d'une technologie supérieure mais opérant vraisemblablement sous des contraintes qui leur sont propres : ressources computationnelles limitées, supervision institutionnelle, pressions budgétaires, projets concurrents, connaissance imparfaite des systèmes simulés.

Quiconque a œuvré dans le développement de jeux vidéo ou en a pratiqué sait que les mondes simulés regorgent d'inefficacités, de contraintes arbitraires, de bogues et de décisions de conception qui n'ont aucun sens du point de vue des entités simulées. Pourquoi mon personnage est-il incapable d'enjamber cette clôture à hauteur de taille ? Parce que les programmeurs n'ont pas mis en œuvre cette fonctionnalité. Pourquoi le moteur physique s'effondre-t-il à des vitesses extrêmes ? Parce qu'une simulation physique parfaite requerrait des ressources computationnelles infinies. Pourquoi y a-t-il des murs invisibles en bordure de la carte ? Parce que le monde doit bien s'arrêter quelque part.

Pourquoi m'est-il impossible de quitter la piste et d'écraser ce cheval qui court le long du circuit ? Parce que les concepteurs n'ont pas prévu que le jeu se transforme en bain de sang équin, espèce de petit psychopathe. Ce qui précède, soit dit en passant, provient d'une véritable lettre adressée à mes amis de *Game Informer* au sujet de *Sega Rally*.

Transposé en termes biologiques : Pourquoi le nerf laryngé récurrent emprunte-t-il un trajet si détourné ? Peut-être parce que les sous-routines du développement embryologique ont été copiées d'une version antérieure et que personne n'a souhaité les remanier. Pourquoi les humains possèdent-ils un coccyx vestigial ? Peut-être parce que son ablation aurait nécessité de réécrire le code de la colonne vertébrale, et que l'analyse coûts-avantages n'a pas justifié les heures d'ingénierie. Pourquoi l'œil humain est-il câblé à l'envers, avec les photorécepteurs derrière les fibres nerveuses ? Peut-être parce que c'est ainsi que le module original de l'œil des vertébrés a été conçu, et que maintenir la compatibilité rétroactive était plus important que l'optimisation optique.

L'hypothèse de la simulation recadre chaque défaut apparent dans le design biologique comme exactement ce que nous attendrions d'un projet logiciel complexe développé au fil du temps par des êtres finis avec des ressources finies. Elle explique aussi pourquoi la manipulation génétique pourrait être nécessaire pour atteindre certains résultats évolutifs : les paramètres de la simulation pourraient ne pas permettre des taux de mutation ou des pressions de sélection suffisants pour produire les résultats désirés naturellement. Les programmeurs pourraient intervenir directement – en modifiant les fichiers du génome, pour ainsi dire – quand les propres processus de la simulation se révèlent inadéquats.

Cette possibilité devrait faire réfléchir ceux qui rejettent les arguments du dessein comme intrinsèquement non scientifiques. L'hypothèse de la simulation est prise au sérieux par les physiciens, les philosophes et les technologues – Elon Musk a fameusement argumenté que les chances que nous soyons dans la « réalité de base » sont « une sur des milliards ». Si l'hypothèse est scientifiquement respectable, alors l'est aussi la possibilité que nos formes biologiques aient été conçues par les opérateurs de la simulation. Le concepteur n'a pas besoin d'être surnaturel ; la supériorité technologique suffit.

L'intelligence extraterrestre

L'éventualité que la Terre ait été visitée par des intelligences extraterrestres capables d'ingénierie génétique n'est ni logiquement incohérente ni scientifiquement impossible. De fait, elle est sans doute plus conservatrice que les alternatives – n'exigeant que l'existence de vie ailleurs dans l'univers, que certaines d'entre elles aient atteint une sophistication technologique, et que le voyage ou l'influence interstellaire soit possible. Aucune de ces hypothèses ne viole la physique connue, et la première est considérée comme hautement probable par la plupart des scientifiques étant donné le vaste nombre de planètes potentiellement habitables dans l'univers observé.

L'hypothèse des anciens astronautes a été desservie par ses défenseurs populaires, dont les spéculations débridées sur les pyramides et les crânes de cristal ont rendu le concept entier apparemment discrédité. Mais l'idée centrale que des êtres extraterrestres pourraient avoir influencé le développement biologique ou culturel de la Terre n'est pas intrinsèquement absurde. Francis Crick, co-découvreur de la structure de l'ADN, a sérieusement proposé la « panspermie dirigée » comme hypothèse pour l'origine de la vie sur Terre : l'idée que des micro-organismes ont été délibérément ensemencés sur notre planète par une civilisation extraterrestre. Crick n'était pas un farfelu ; il répondait à la difficulté authentique d'expliquer comment la vie est apparue de la non-vie par des processus purement chimiques.

Si des êtres extraterrestres ont visité la Terre, que ce soit il y a des milliards d'années pour ensemencer la vie, ou il y a des millions d'années pour accélérer l'évolution, ou il y a des milliers d'années pour concevoir *Homo sapiens*, ils auraient vraisemblablement eu des desseins propres. Peut-être terraformaient-ils des planètes pour une colonisation éventuelle. Peut-être étaient-ils des scientifiques conduisant des expériences en biologie évolutive. Peut-être accomplissaient-ils leurs obligations religieuses ou philosophiques de répandre la vie à travers le cosmos. Peut-être étaient-ils engagés dans des projets esthétiques, sculptant des biosphères de la manière dont les artistes humains sculptent le marbre. Peut-être avaient-ils des désaccords factionnels, avec différents groupes extraterrestres favorisant différents designs, ce qui expliquerait pourquoi la biologie de la Terre semble souvent refléter de multiples visions concurrentes.

De manière cruciale, les concepteurs extraterrestres auraient des contraintes. Même une civilisation de millions d'années plus avancée que la nôtre ferait vraisemblablement face à des limitations de quelque sorte, telles que des lois de la physique qui ne peuvent être contournées, des contraintes de ressources, des lacunes dans leurs connaissances, des pressions temporelles, et peut-être même des considérations politiques. Leurs desseins biologiques seraient intelligents mais pas nécessairement optimaux, reflétant des compromis et des concessions qui avaient du sens étant donné leurs contraintes même s'ils nous semblent déroutants. Le nerf de la girafe pourrait être un héritage d'un design antérieur qui était trop profondément intégré pour être modifié proprement. L'appendice humain pourrait être une caractéristique qui servait les desseins des extraterrestres même si elle nous cause des problèmes.

L'hypothèse extraterrestre soulève aussi des questions intrigantes sur la place de l'humanité dans le cosmos. Si nous avons été conçus par des extraterrestres, sommes-nous leurs descendants, leurs créations, leurs expériences, ou leurs produits ? Surveillent-ils nos progrès ? Ont-ils des plans pour notre avenir ? Sont-ils intervenus dans l'histoire humaine au-delà de l'ingénierie génétique initiale ? Ces questions ne peuvent recevoir de réponse par les données mathématiques en faveur de la MGI, mais elles deviennent des questions vives une fois que nous acceptons que la MGI s'est produite. Les données nous disent que le dessein a eu lieu ; elles ne nous disent rien du tout sur le concepteur, sauf, peut-être, qu'il aime vraiment les insectes.

Il vaut la peine de noter que l'hypothèse extraterrestre n'élimine pas la question des origines ultimes – elle la repousse simplement d'un niveau. Si les extraterrestres ont conçu la vie terrestre, qui a conçu les extraterrestres ? À un moment donné, nous devons soit accepter une régression infinie de concepteurs, soit postuler un concepteur auto-existant qui nous ramène au théisme classique, soit accepter que la première vie est apparue sans dessein, ce qui nous ramène au problème de fixation, désormais appliqué au monde d'origine des extraterrestres. L'hypothèse extraterrestre peut être vraie, mais elle n'est pas une réponse finale à la question du dessein.

Les êtres surnaturels et transdimensionnels

La plupart des traditions religieuses postulent l'existence d'êtres qui ne sont ni Dieu ni humains : anges, démons, djinns, devas, asuras, esprits de diverses sortes. Ces êtres occupent une position intermédiaire dans la hiérarchie cosmique; ils sont plus puissants et plus savants que les humains, mais n'atteignent pas la réalité divine ultime. Ils sont typiquement dépeints comme capables d'agir dans le monde physique, que ce soit par intervention directe, possession, inspiration, ou influence subtile sur les processus naturels.

Les traditions abrahamiques décrivent les anges comme messagers et agents de Dieu, exécutant les commandements divins dans l'ordre créé. Certains êtres angéliques sont associés à des domaines spécifiques – l'ange de la mort, l'ange de la révélation, les anges qui enregistrent les actes humains. D'autres sont décrits comme gouvernant les phénomènes naturels : la cosmologie médiévale assignait une intelligence angélique à chaque sphère céleste, responsable de son mouvement. Si de tels êtres existent, la manipulation génétique serait bien dans leurs capacités, et pourrait même faire partie de leurs devoirs assignés dans le maintien et le développement de l'ordre créé.

Les mêmes traditions décrivent aussi les anges déchus et les démons, des êtres qui se sont rebellés contre l'ordre divin et œuvrent désormais activement contre lui. Si les anges peuvent manipuler la génétique en accord avec la volonté de Dieu, alors peut-être les démons pourraient manipuler la génétique en opposition à elle, ou pour des desseins propres qui ne s'alignent ni avec les intérêts divins ni humains. Cela pourrait expliquer certaines caractéristiques déroutantes du dessein biologique : pas simplement la sous-optimalité, mais la malveillance apparente. Pourquoi existent des parasites qui ne peuvent se reproduire qu'en causant une souffrance horrible à leurs hôtes ? Peut-être parce que quelque chose de malfaisant les a conçus.

La tradition islamique parle des djinns – des êtres créés de « feu sans fumée » qui habitent un royaume parallèle au monde humain. Les djinns sont décrits comme ayant le libre arbitre, des caractères moraux divers, et la capacité d'interagir avec le monde physique sous certaines conditions. Les traditions hindoues et bouddhistes décrivent de vastes hiérarchies d'êtres – devas, asuras, pretas, nagas – habitant différents royaumes d'existence et intervenant occasionnellement dans les affaires humaines. Les traditions indigènes du monde entier parlent d'esprits associés aux lieux, aux animaux, aux plantes et aux forces naturelles. Si l'une de ces traditions contient même un noyau de vérité, les entités qu'elles décrivent seraient des candidats pour les agents et opérateurs de la MGI.

Les cadres spéculatifs modernes ajoutent des possibilités additionnelles. Certains physiciens ont proposé que notre univers pourrait être l'un parmi d'autres dans un « multivers », et que des êtres dans d'autres univers pourraient être en mesure d'influencer le nôtre. La théorie des cordes suggère l'existence de dimensions spatiales additionnelles au-delà des trois que nous percevons ; des êtres natifs de ces dimensions pourraient interagir avec notre monde tridimensionnel de manières que nous ne saurions pleinement comprendre. Le philosophe David Lewis a défendu le réalisme modal – la vue que tous les mondes possibles sont également réels – qui, si vrai, signifierait que des êtres dans d'autres mondes possibles sont aussi réels que nous. De tels êtres pourraient-ils atteindre à travers la division modale pour modifier des génomes dans notre monde ? La question semble absurde au matérialiste rationaliste, bien sûr, mais l'intrication quantique aussi avant d'être vérifiée expérimentalement.

Ce qui unit toutes ces possibilités est que les concepteurs seraient surhumains mais pas divins. Ils seraient assez puissants pour manipuler la génétique, assez savants pour concevoir des organismes fonctionnels, mais opérant sous des contraintes qui expliqueraient les imperfections apparentes dans leur œuvre. Un ange exécutant un commandement divin pourrait avoir une discrétion limitée quant à la manière de le mettre en œuvre. Un démon poursuivant son propre agenda pourrait être opposé par d'autres forces, incapable d'atteindre son dessein optimal. Un djinn ou deva pourrait avoir des lacunes de connaissances, des limitations de ressources, ou des obligations conflictuelles. Le désordre du dessein biologique pourrait refléter non pas l'incompétence mais le compromis – le mieux qui pouvait être atteint étant donné les contraintes sous lesquelles les concepteurs opéraient.

L'esprit séculier moderne est mal à l'aise avec ces possibilités, formé qu'il est à rejeter tout ce qui ne peut être mesuré avec des instruments ou dérivé d'équations. Mais le rejet est philosophique, pas scientifique. La science peut nous dire que certains changements génétiques n'auraient pu se produire par des processus non dirigés ; elle ne saurait nous dire que les anges n'existent pas. Les données en faveur de la MGI ouvrent la porte à des possibilités que la philosophie matérialiste avait déclarées fermées.

Et quelle que soit votre position sur le sujet, vous devez vraiment admettre que ces possibilités scientifiques sont bien plus intéressantes et intellectuellement excitantes que de compter sans réfléchir des poissons et d'ânonner docilement à quel point c'est cohérent.

L'hubris du moment présent

Sous-jacente à de nombreux rejets de la MGI – et des arguments en faveur du dessein en général – se trouve une hypothèse si omniprésente qu'elle passe souvent inaperçue : l'hypothèse selon laquelle notre compréhension scientifique actuelle serait approximativement correcte et approximativement complète. Nous ne savons peut-être pas tout, estime-t-on, mais nous en savons assez pour exclure des catégories entières d'explication. Nous savons que les anges n'existent pas, que les autres dimensions ne sont que de simples abstractions mathématiques, que la conscience se réduit à des états cérébraux, que l'univers ne contient rien au-delà de la matière et de l'énergie interagissant selon des lois immuables. Nous *savons* tout cela.

Or nous ne le savons pas. Nous le supposons – et cette supposition reflète non pas une connaissance supérieure mais ce que nous pourrions appeler le *biais techno-temporel* : la conviction paroissiale que le moment particulier de l'histoire que nous occupons par hasard représente le faîte de la compréhension humaine, depuis lequel toutes les ères précédentes apparaissent comme arriérées et toutes les découvertes futures ne seront que de simples raffinements de ce que nous savons déjà. Chaque génération a succombé à ce biais. Chaque génération s'est trompée.

L'invisible rendu visible : les rayons X

En 1895, Wilhelm Röntgen expérimentait avec des rayons cathodiques lorsqu'il remarqua qu'un écran fluorescent situé à l'autre bout de son laboratoire brillait, alors même que le tube cathodique était enfermé dans du carton noir qui aurait dû bloquer toute lumière. En poussant plus loin son investigation, il découvrit que le tube émettait une forme de radiation précédemment inconnue – des rayons qui pouvaient traverser la matière solide, y compris la chair humaine, et exposer des plaques photographiques. Il les appela « rayons X » parce que leur nature était inconnue.

La découverte électrisa le monde scientifique et le grand public également. En quelques semaines, des photographies aux rayons X d'os à l'intérieur de mains vivantes apparaissaient dans les journaux. En quelques mois, les médecins utilisaient la technologie pour le diagnostic. Mais considérez ce que la découverte de Röntgen révéla sur l'état de la physique en 1894, un an avant : le consensus scientifique soutenait que le rayonnement électromagnétique était bien compris. La lumière visible, l'infrarouge, l'ultraviolet – ceux-ci avaient été caractérisés et leurs propriétés mesurées. Le spectre électromagnétique était considéré cartographié. Personne ne soupçonnait qu'une forme de radiation entièrement nouvelle existait, une qui pouvait pénétrer les murs et la chair, une qui avait traversé les laboratoires et les corps humains depuis le début des temps sans que personne ne le remarque.

Les scientifiques de 1894 n'étaient pas stupides. Ils n'étaient pas négligents. Ils avaient simplement atteint les limites de ce que leurs instruments pouvaient détecter et leurs théories pouvaient prédire. Ils supposaient, raisonnablement mais à tort, que ces limites correspondaient aux limites de la réalité. L'existence des rayons X n'était pas simplement inconnue, elle était complètement insoupçonnée, étant en dehors des catégories conceptuelles que les physiciens utilisaient pour comprendre le rayonnement. Si vous aviez dit à un physicien en 1894 que des rayons invisibles passaient constamment à travers son corps, il vous aurait rejeté comme un farfelu ou un mystique.

La Terre en mouvement : la dérive des continents

En 1912, Alfred Wegener proposa que les continents avaient autrefois été joints en une seule masse terrestre et avaient depuis dérivé séparément. Ses éléments de preuve étaient substantiels : les côtes de l'Afrique et de l'Amérique du Sud s'emboîtaient comme des pièces de puzzle; des fossiles identiques apparaissaient sur des continents désormais séparés par des océans; des formations géologiques correspondaient à travers l'Atlantique. L'hypothèse de Wegener expliquait des observations que la théorie consensuelle sur les continents fixes en place ne pouvait expliquer.

L'establishment scientifique rejeta la théorie de Wegener avec quelque chose approchant le mépris. Le président de l'American Philosophical Society la qualifia de « foutaise totale et damnée ». Un géologue éminent la rejeta comme « sans ancrage ». Le problème n'était pas les éléments de preuve – même ses critiques admettaient que les côtes s'emboîtaient et que les fossiles correspondaient – mais l'absence de mécanisme explicatif. Wegener ne savait pas quelle force pouvait possiblement déplacer des continents entiers à travers la surface de la Terre, il savait seulement que les données indiquaient que cela s'était produit. Mais sans mécanisme, la théorie fut jugée non scientifique, et Wegener mourut en 1930 avec ses idées toujours discréditées.

Il fallut encore trente ans avant la découverte de la tectonique des plaques, qui était le mécanisme manquant de Wegener. La communauté scientifique apprit finalement que la croûte terrestre consiste en plaques flottant sur un manteau semi-fluide poussé par des courants de convection de l'intérieur chaud de la planète. Le mécanisme que Wegener ne pouvait fournir s'avéra réel, il lui avait simplement manqué les données sismologiques et océanographiques nécessaires pour le détecter. Dans les années 1960, la dérive des continents avait été transformée de spéculation farfelue en science établie et Wegener fut réhabilité à titre posthume, comme si cela compensait des décennies de manque de respect et d'abus mal fondés.

Les géologues qui rejetèrent Wegener n'étaient pas stupides ou malhonnêtes. Ils appliquaient les standards de leur discipline tels qu'ils les comprenaient à l'époque. Mais ces standards, aussi raisonnables qu'ils aient pu sembler, les amenèrent à rejeter une théorie vraie pendant un demi-siècle. Le mécanisme existait depuis le début, bien qu'ils ne pouvaient simplement pas le détecter. Leurs instruments et théories avaient des limites technologiques qu'ils prirent pour les limites de la nature.

L'univers invisible : la matière noire et l'énergie noire

Si « découverte » est le bon mot pour reconnaître l'étendue inattendue de l'ignorance du consensus scientifique, peut-être l'exemple le plus humiliant pour la scientisterie moderne est la découverte qu'approximativement 95 pour cent de l'univers consiste en substances que nous ne pouvons identifier, ne pouvons détecter directement, et ne comprenons pas. La matière noire, d'abord inférée dans les années 1930 à partir de la rotation des galaxies, est présentement censée constituer 27 pour cent du contenu masse-énergie de l'univers. L'énergie noire, découverte en 1998 par des observations de supernovas distantes, en constituerait 68 pour cent de plus. Les atomes et molécules qui constituent les étoiles, les planètes et les corps humains, la matière ordinaire que la physique a étudiée pendant des siècles, représentent moins de 5 % de ce qui existe.

Nous ne savons pas ce qu'est la matière noire. Nous ne savons pas ce qu'est l'énergie noire. Nous croyons qu'elles existent seulement parce que leurs effets gravitationnels sont visibles : la matière noire maintient la cohésion des galaxies qui autrement se disloqueraient, et l'énergie noire accélère l'expansion de l'univers contre l'attraction de la gravité. Mais leur nature demeure entièrement mystérieuse. Elles n'interagissent pas avec la lumière. Elles n'interagissent pas avec la matière ordinaire sauf par la gravité. Elles sont, dans un sens très réel, invisibles et intangibles. Elles sont présentes partout, affectant tout, pourtant totalement indétectables par tout instrument que nous possédons sauf par leurs signatures gravitationnelles.

Personnellement, tout cela me semble très épicyclique et je soupçonne que nous avons probablement juste besoin d'un meilleur modèle gravitationnel. En attendant, j'ai suggéré le terme « vapeur noire » pour le prochain épicycle gravitationnel inévitable. Mais ce n'est ni ici ni là pour le moment.

Considérez ce que cela signifie pour l'hubris scientifique. Encore en 1990, un physicien aurait pu déclarer avec confiance que les constituants fondamentaux de l'univers étaient connus : quarks et leptons, liés par les quatre forces fondamentales, constituant les atomes et molécules dont les propriétés la chimie et la physique avaient caractérisé en détail exquis. Ce physicien aurait eu tort d'un facteur de vingt. Si les théories actuelles sont correctes, alors vingt fois plus d'univers existe qu'il ne le soupçonnait, et pas quelque part dans les régions distantes de l'espace, mais ici même, passant à travers son corps, remplissant son laboratoire, et façonnant les galaxies mêmes qu'il observait à travers son télescope.

Si 95 pour cent de l'univers nous était inconnu en 1990, qu'est-ce qui pourrait nous être inconnu maintenant ? La question n'est pas rhétorique. La matière noire et l'énergie noire ont été découvertes non pas parce que nous les cherchions mais parce que nos observations de la réalité ne s'ajustaient pas à nos théories présentes. Quels autres phénomènes pourraient être également omniprésents et également invisibles, attendant seulement la bonne observation ou le bon cadre théorique pour se révéler ? La réponse honnête est celle-ci : nous n'en avons aucune idée.

Implications pour la MGI

La pertinence de ces exemples pour la MGI devrait être claire. Lorsque les critiques rejettent la possibilité d'anges ou d'êtres transdimensionnels ou de programmeurs de simulation comme « non scientifique », ils commettent la même erreur que les physiciens qui ont rejeté les rayons X, les géologues qui ont rejeté la dérive des continents, et les cosmologues qui pensaient comprendre la composition de l'univers. Ils prennent les limites de la connaissance actuelle pour les limites de la réalité.

Cela ne signifie pas que chaque spéculation est également valide, ou que nous devrions croire aux anges simplement parce que nous pourrions avoir tort sur leur inexistence. Cela signifie que les rejets confiants de possibilités au-delà de nos capacités de détection actuelles reflètent un biais philosophique, pas une rigueur scientifique. La position scientifique est l'humilité : nous ne savons pas ce qui existe au-delà de la portée de nos instruments, et nous ne devrions pas prétendre le contraire.

Les données mathématiques en faveur de la MGI établissent que quelque chose au-delà de la mutation non dirigée et de la sélection naturelle a façonné le monde biologique. L'identité de ce quelque chose est une question supplémentaire – une que notre science actuelle peut ne pas être équipée pour résoudre. Mais l'incapacité d'identifier le concepteur ne nie pas les données en faveur du dessein, pas plus que l'incapacité d'expliquer les rayons X ne niait les données attestant de leur existence. L'observation vient en premier ; l'explication vient après. Parfois bien après.

Le point méthodologique

Le but d'énumérer ces possibilités n'est pas d'en endosser une en particulier. C'est de démontrer que l'inférence de « dessein sous-optimal » à « pas de dessein » est invalide, et que les rejets confiants du dessein fondés sur les catégories scientifiques actuelles sont philosophiquement naïfs. L'observation que les systèmes biologiques contiennent des inefficacités apparentes exclut, tout au plus, une conception très spécifique du concepteur. Elle laisse intouchée la question centrale : si les changements génétiques qui distinguent les espèces peuvent être expliqués par des processus non dirigés, ou s'ils nécessitent une intervention intelligente de quelque sorte.

La MGI est l'hypothèse qu'une intervention intelligente était requise. Les mathématiques de la fixation corroborent cette hypothèse. L'identité de l'intervenant est une question différente. Cette question est certainement fascinante, et elle peut même être importante, mais elle n'est pas pertinente ici. Nous pouvons établir que la manipulation s'est produite sans savoir qui était le manipulateur, tout comme les détectives peuvent confirmer qu'une mort était un homicide sans savoir qui était le meurtrier. Les données et la confirmation du dessein doivent venir en premier, parce que la réponse à la question de qui pourrait être le concepteur en dépend.

Et si nos arrière-arrière-petits-enfants regardent nos dénégations confiantes de la manipulation génétique intelligente avec la même condescendance amusée avec laquelle nous regardons les dénégations confiantes de la dérive des continents, nous n'aurons aucun motif de plainte. Et peut-être qu'un jour, ils parleront aussi ouvertement, aussi librement, et aussi confidemment de « manipulateurs » que Richard Dawkins, J.F. Gariépy, et d'autres biologistes parlent de « réplicateurs ».

Chapitre 16
Le Verdict Mathématique

Nous prenons le parti de la science en dépit de l'absurdité patente de certaines de ses constructions, en dépit de son échec à tenir nombre de ses promesses extravagantes de santé et de vie, en dépit de la tolérance de la communauté scientifique pour des histoires de circonstance non étayées, parce que nous avons un engagement préalable, un engagement envers le matérialisme... De plus, ce matérialisme est absolu, car nous ne pouvons pas permettre à un Pied Divin de mettre le pied dans la porte.

– Richard Lewontin, « Billions and Billions of Demons », *New York Review of Books*, 9 janvier 1997

Les Architectes du Néo-Darwinisme Selon Leurs Propres Termes

Tout au long de cet ouvrage, j'ai formulé des assertions mathématiques précises et testables quant à l'impossibilité de l'évolution par sélection naturelle dans les échelles temporelles avancées par la théorie néo-darwinienne. Les calculs sont limpides, les données sont publiquement accessibles, et les conclusions sont inéluctables. Mais puisque je ne suis ni biologiste professionnel ni membre patenté de l'establishment académique, il est raisonnable que les lecteurs se demandent si j'ai représenté fidèlement la théorie évolutive telle qu'elle est actuellement enseignée dans les universités ou si MITTENS ne s'attaque qu'à un homme de paille de ma propre fabrication.

De telles craintes peuvent être dissipées en examinant ce qu'ont eux-mêmes écrit les architectes et principaux défenseurs du néo-darwinisme sur le sujet. Les profils qui suivent présentent, en leurs propres termes, les affirmations centrales de douze biologistes évolutionnistes d'importance. Les citations parlent d'elles-mêmes et, collectivement, elles confirment que l'impossibilité mathématique établie dans cet ouvrage s'applique directement à la théorie telle que l'ont définie ses propres partisans et défenseurs ainsi qu'à la vision du monde matérialiste et séculière qu'ils ont édifiée sur ses fondations.

Charles Darwin (1809–1882)

La contribution de Darwin ne fut pas l'idée d'évolution, mais le mécanisme qu'il proposa pour en rendre compte : la sélection naturelle agissant sur la variation aléatoire. Il était explicite sur le fait que ce processus devait être graduel et non dirigé, sans sauts ni intelligence directrice. Dans *De l'Origine des Espèces* (1859), il écrivit :

> *La sélection naturelle ne peut agir que par la préservation et l'accumulation de modifications héritées infinitésimales, chacune profitable à l'être conservé... S'il pouvait être démontré qu'un organe complexe existait, qui n'aurait pu être formé par de nombreuses modifications successives et légères, ma théorie s'effondrerait entièrement.*
>
> – De l'Origine des Espèces, 1ère éd., pp. 189, 191

Darwin comprenait que sa théorie requérait un temps suffisant pour l'accumulation graduelle. Il comprenait aussi, avec une honnêteté caractéristique, les conditions sous lesquelles elle échouerait. L'analyse mathématique dans cet ouvrage démontre que ces conditions ont été remplies, car il a été prouvé que l'organisme complexe connu sous le nom d'Homme, et tous ses organes uniques, n'ont pas été formés par 281 modifications nombreuses, successives et légères sur 9 millions d'années.

Charles Darwin lui-même admettrait que sa théorie s'est effondrée entièrement et de manière exhaustive.

Theodosius Dobzhansky (1900–1975)

Dobzhansky fut l'un des principaux architectes de la Synthèse Moderne, qui unifia la génétique mendélienne avec la sélection naturelle darwinienne. Son essai de 1973 « Rien en Biologie n'a de Sens Sauf à la Lumière de l'Évolution » devint un cri de ralliement pour le domaine. Il y déclara :

> *Vue à la lumière de l'évolution, la biologie est, peut-être, intellectuellement la science la plus satisfaisante et la plus inspirante. Sans cette lumière, elle devient un amas de faits disparates – certains intéressants ou curieux mais ne formant aucun tableau cohérent.*
>
> – American Biology Teacher, Vol. 35, No. 3, March 1973, p. 129

L'affirmation de Dobzhansky relève de l'épistémologie : l'évolution n'est pas simplement une explication parmi d'autres possibles mais le principe organisateur fondamental sans lequel les faits biologiques se trouvent dépourvus de sens. C'est précisément le type d'affirmation infalsifiable que Sir Peter Medawar a critiqué au Symposium Wistar de 1966, alors que la Synthèse néo-darwinienne transformait le darwinisme classique en une théorie tautologique qui, expliquant tout, n'explique rien.

Julian Huxley (1887–1975)

Julian Huxley fut l'architecte principal de la Synthèse Moderne. Son ouvrage de 1942 *Evolution : The Modern Synthesis* unifia la génétique des populations avec la sélection naturelle et rejeta explicitement toute composante téléologique ou dirigée :

> *L'évolution est ainsi vue comme un processus global et continu, autotransformateur mais aveugle… nullement planifié ni dirigé… procédant par sélection naturelle de variations aléatoires.*
>
> – Evolution : The Modern Synthesis, 1942, p. 457

Huxley se montrait sans ambiguïté : le processus de sélection naturelle se révélait « aveugle » et « nullement planifié ». Il ne s'agit pas d'une affirmation périphérique, mais de la thèse centrale de la Synthèse Moderne. Toute critique mathématique de la théorie évolutive se doit d'aborder précisément cette affirmation selon laquelle des processus non dirigés peuvent engendrer la complexité observée de la vie. Et c'est exactement ce qu'accomplit MITTENS, non seulement pour l'évolution de l'homme et du chimpanzé, mais pour toute paire d'espèces divergentes.

Ronald A. Fisher (1890–1962)

Fisher fut le fondateur de la génétique des populations et l'auteur de *The Genetical Theory of Natural Selection* (1930), qui fournit les fondations mathématiques du néo-darwinisme. Sa célèbre déclaration quant à la suffisance de la sélection naturelle :

> *La sélection naturelle est un mécanisme capable de générer un degré excessivement élevé d'improbabilité.*
>
> – The Genetical Theory of Natural Selection, 1930, p. 37

Les modèles mathématiques de Fisher démontrèrent comment la sélection pouvait propager des mutations bénéfiques au sein d'une population. Ce que Fisher n'aborda pas est ce que les mathématiciens du Symposium Wistar de 1966 identifièrent comme le fossé critique. Fisher échoua à démontrer si un temps suffisant existait pour que la sélection naturelle produise la magnitude de changement génétique réellement observée entre les espèces. Fisher montra que la sélection *peut* fonctionner; il ne montra pas qu'elle *a* fonctionné dans les délais disponibles. Et, bien sûr, rien sinon un dieu extraordinairement puissant ou un programmeur de simulation n'est en mesure de générer un degré d'improbabilité suffisamment élevé pour battre les probabilités que nous avons calculées au Chapitre Sept.

J.B.S. Haldane (1892–1964)

Haldane, avec Fisher et Wright, établit le cadre mathématique de la génétique des populations. Ironiquement, c'est Haldane lui-même qui identifia le premier le problème du coût de la sélection naturelle, qui devint le « Dilemme de Haldane ». En 1957, il calcula :

> *Pour fixer un gène, un nombre de morts sélectives équivalant à environ 30 fois le nombre de la population est nécessaire… le nombre de loci où la sélection peut s'exercer simultanément est limité.*
>
> – « The Cost of Natural Selection », Journal of Genetics, Vol. 55, 1957, p. 522

Haldane conclut que les mammifères ne pouvaient fixer guère plus de 1 667 substitutions bénéfiques depuis leur divergence d'avec leur dernier ancêtre commun partagé avec d'autres lignées. Cette découverte, émanant de l'un des propres fondateurs du néo-darwinisme, corrobore directement l'argument mathématique central de MITTENS. La réponse de l'establishment évolutionniste depuis 68 ans consiste soit à ignorer les travaux de Haldane, soit à affirmer qu'ils ont été « résolus » par des mécanismes hypothétiques dont on n'a jamais observé qu'ils opèrent aux taux requis.

Il convient de relever qu'un aspect important de MITTENS réside dans sa confirmation du Dilemme de Haldane, car 126 fixations s'inscrivent fort bien dans la limite théorique de ce dernier.

George Gaylord Simpson (1902–1984)

Simpson fut le paléontologue qui intégra le registre fossile dans la Synthèse Moderne. Son ouvrage de 1944 *Tempo and Mode in Evolution* aborda le problème récurrent des formes transitionnelles manquantes :

> *L'absence systématique de formes transitionnelles ne se limite pas aux mammifères, mais constitue un phénomène quasi universel, comme les paléontologues l'ont noté de longue date. Cela vaut pour presque tous les ordres de toutes les classes d'animaux, tant vertébrés qu'invertébrés.*
>
> – Tempo and Mode in Evolution, 1944, p. 107

Simpson reconnut le problème mais argua que les transitions évolutives rapides au sein de petites populations ne laisseraient aucune trace fossile. Son explication selon laquelle l'évolution serait trop rapide pour être observée dans le registre génétique et trop localisée pour apparaître dans le registre fossile n'est pas sans rappeler Boucle d'Or, mais possède la qualité providentielle d'être parfaitement infalsifiable, comme toute bonne scientisterie moderne. Elle ne fait par ailleurs absolument rien pour répondre aux contraintes mathématiques sur les taux de fixation mutationnelle.

Ernst Mayr (1904–2005)

Mayr développa le concept biologique de l'espèce et fut encensé comme « le Darwin du XXe siècle ». Dans son ouvrage de 2001 *What Evolution Is*, publié alors qu'il avait quatre-vingt-dix-sept ans, il rendit explicites les implications en termes de vision du monde de la théorie évolutive :

> *L'explication de Darwin selon laquelle toute chose a une cause naturelle a rendu la croyance en un esprit souverainement créateur tout à fait inutile. Il a créé un monde séculier, plus que quiconque ne l'avait fait avant lui.*
>
> – Entretien Edge.org, 2001

La déclaration de Mayr révèle que les enjeux de ce débat ne sont pas simplement scientifiques, mais philosophiques, voire religieux. L'affirmation n'est pas simplement que l'évolution se soit produite mais qu'elle se soit produite par des causes purement naturelles, rendant ainsi tout esprit souverainement créateur inutile. C'est précisément l'affirmation qu'aborde MITTENS et qu'il falsifie mathématiquement, et, de concert avec les preuves croissantes que produit la science génétique, ouvre la voie pour que la science et la philosophie commencent à explorer le large éventail de possibilités que suggère la Manipulation Génétique Intelligente.

Stephen Jay Gould (1941–2002)

Gould, de concert avec Niles Eldredge, proposa l'équilibre ponctué pour rendre compte de l'absence persistante de transitions graduelles dans le registre fossile. Sa reconnaissance candide de ce problème se distingue par sa rareté au sein du domaine de la biologie évolutive :

> *L'extrême rareté des formes transitionnelles dans le registre fossile demeure le secret professionnel de la paléontologie… Nous nous figurons être les seuls véritables étudiants de l'histoire de la vie, et pourtant, pour préserver notre récit favori de l'évolution par sélection naturelle nous tenons nos données pour si mauvaises que nous ne voyons jamais le processus même que nous prétendons étudier.*
>
> – « Evolution's Erratic Pace », Natural History, Vol. 86, Mai 1977, p. 14

La solution proposée par Gould, selon laquelle l'évolution se produirait trop rapidement au sein de petites populations pour laisser une trace fossile non seulement déplace le problème mathématique, mais s'avère encore plus hautement improbable. Le changement génétique rapide au sein de petites populations se heurte à des contraintes encore plus sévères quant au nombre de mutations susceptibles d'être fixées, ainsi que Haldane l'a démontré, et qui, de surcroît, est désormais détectable dans le registre génétique lequel ne montre tout simplement pas que cela se produise à l'échelle requise.

Richard Dawkins (1941–)

Dawkins demeure le défenseur populaire le plus éminent du néo-darwinisme. Dans *L'Horloger aveugle* (1986), il énonça son affirmation centrale avec une assurance caractéristique :

> *La sélection naturelle, le processus aveugle, inconscient, automatique que Darwin découvrit, et dont nous savons désormais qu'il constitue l'explication de l'existence et de la forme apparemment finalisée de toute vie, n'a aucune fin en vue… Elle n'a ni esprit ni œil de l'esprit. Elle ne planifie rien pour l'avenir. Elle n'a nulle vision, nulle prévoyance, nulle*

vue d'ensemble. Si l'on peut dire qu'elle joue le rôle d'horloger dans la nature, c'est celui de l'horloger aveugle.

– L'Horloger aveugle, 1986, p. 5

Dawkins affirme non seulement que la sélection naturelle peut expliquer la complexité du vivant, mais que nous savons désormais qu'elle est la seule et unique explication. C'est précisément cet excès philosophique que l'analyse mathématique de MITTENS expose et démontre être totalement et absolument erroné. Personne n'a jamais démontré que des processus aveugles et sans finalité peuvent générer 20 millions de mutations fixées en 202 500 générations physiques. Personne ne le fera jamais. Cette affirmation fausse repose sur l'extrapolation et l'ignorance, non sur l'observation et les mathématiques.

Daniel Dennett (1942–2024)

Dennett, qui n'était pas même biologiste mais philosophe de métier, fournit la déclaration la plus explicite des prétentions universelles du néo-darwinisme. Dans *Darwin's Dangerous Idea* (1995), il compara la théorie darwinienne à un « acide universel » :

Je ne me doutais pas qu'en quelques années j'allais rencontrer une idée – l'idée darwinienne – présentant une ressemblance indéniable avec l'acide universel : elle ronge presque chaque concept traditionnel, et laisse dans son sillage une vision du monde révolutionnée, avec la plupart des anciens points de repère encore reconnaissables, quoique fondamentalement transformés.

– Darwin's Dangerous Idea, 1995, p. 63

Dennett célèbre le darwinisme précisément en ce qu'il dissout tous les cadres conceptuels antérieurs – religieux, philosophiques, moraux. Or une idée qui ronge presque chaque concept traditionnel n'est pas une théorie scientifique : c'est un engagement métaphysique. La critique mathématique de cet ouvrage n'aborde que l'affirmation scientifique, mais Dennett rend utilement explicite le fait que bien davantage est en jeu pour les thuriféraires de la théorie.

Il serait négligent de ma part de ne pas souligner que dans mon ouvrage de 2009 *The Irrational Atheist*, j'ai résumé toute la philosophie de Dennett dans ce qui s'est avéré un démotivateur populaire.

> *Vous pouvez faire confiance aux biologistes. Parce que les physiciens obtiennent des résultats incroyablement précis.*
>
> – Logique Athée, 1995

Jerry Coyne (1949–)

Coyne, auteur de *Why Evolution Is True* (2009), représente le consensus contemporain sur l'évolution. Sa déclaration quant à la relation entre théorie évolutive et croyance religieuse se révèle inhabituellement candide :

> *La religion ne saurait jamais être rendue compatible avec la science sans être diluée au point de n'être plus une religion mais une simple philosophie humaniste… persuader les Américains d'accepter la vérité de l'évolution impliquait non seulement de les éduquer aux faits, mais de les déséduquer de la foi.*
>
> – Faith vs. Fact, 2015, p. 225

Coyne reconnaît ce que nombre de biologistes évolutionnistes préfèrent sagement, quoique de façon trompeuse, obscurcir : l'acceptation de la théorie néo-darwinienne telle qu'elle est actuellement formulée requiert non seulement une éducation scientifique, mais l'abandon de la croyance religieuse. Il ne s'agit pas d'une affirmation scientifique, mais philosophique, et elle explique la férocité avec laquelle la présente critique mathématique de la sélection naturelle sera vraisemblablement combattue. Ce qui n'était à l'origine qu'une hypothèse scientifique est devenu un article de foi porteur pour toute une vision du monde.

E.O. Wilson (1929–2021)

Wilson, fondateur de la sociobiologie, tenta d'étendre la théorie évolutive au comportement humain, à la morale et à la religion. Dans *On Human Nature* (1978), il écrivit :

Aucune espèce, la nôtre y comprise, ne possède de but au-delà des impératifs dictés par son histoire génétique.

– On Human Nature, 1978, p. 2

Wilson tira la conclusion logique du néo-darwinisme : si toute vie, y compris l'être humain, est le produit de processus aveugles et sans but, alors la finalité elle-même est une illusion « refilée à nous par nos gènes ». La démonstration mathématique établissant que ces processus aveugles ne peuvent expliquer la divergence génétique observée entre les espèces a donc des implications comparables qui s'étendent bien au-delà de la biologie. MITTENS étant correct, et appelé à être confirmé comme tel à répétition, tout l'édifice qu'a construit Wilson et la vision du monde qu'il sous-tend s'effondreront.

La Sélection Naturelle : Le Seul Jeu en Ville

Une ultime citation de Dawkins mérite une attention particulière, parce qu'elle conforte par inadvertance l'argument de cet ouvrage. Dans *L'Horloger aveugle*, il écrit :

Je démontre que toutes les alternatives au darwinisme qui aient jamais été proposées sont en principe incapables d'accomplir la tâche consistant à expliquer la complexité organisée du vivant.

– L'Horloger aveugle, 1986

Dawkins entend cela comme une condamnation triomphale de la porte sur les alternatives. Or ce qu'il a réellement fait, c'est miser tout – sa crédibilité, sa réputation, bref, tout le travail de sa vie – sur un unique cheval.

Si le darwinisme est la seule explication naturaliste possible pour la complexité organisée de la vie, et si le darwinisme est mathématiquement impossible, alors la complexité organisée de la vie n'a évidemment pas d'explication naturaliste. Dawkins n'a pas consolidé sa position en éliminant toutes les alternatives ; il l'a au contraire rendue maximalement vulnérable. Lorsque toute votre vision du monde repose sur un seul mécanisme, et que ce mécanisme échoue à l'épreuve de faisabilité mathématique, il n'existe absolument aucune position de repli.

Un sur un darwillion, qu'on s'en souvienne. Telles sont les probabilités. Dawkins nous a assurés que la sélection naturelle convertit ces probabilités impossibles en quasi-certitudes par la sélection cumulative de modestes améliorations. Or la sélection cumulative requiert du temps mesuré en générations – de véritables générations physiques au cours desquelles les êtres vivent leur vie entière, se reproduisent, aident leurs enfants à élever leurs propres petits-enfants, et peut-être voient-ils leurs arrière-petits-enfants avant de finalement mourir – pour que les mutations apparaissent et se fixent au sein des populations. Or le temps est précisément ce que les mathématiques démontrent que Darwin et ses épigones n'ont jamais eu.

Le cheval sur lequel Richard Dawkins a tout misé ne peut courir. Il ne pouvait même pas franchir le portillon de départ.

Je suis parfaitement conscient que cette conclusion ne sera guère populaire auprès des biologistes, ni gracieusement accueillie par l'establishment scientifique. Cet ouvrage ne fait pas que défier une théorie ; il menace de réduire à néant le travail d'une vie de huit générations de scientifiques qui ont assis leurs réputations et bâti leurs carrières sur les fondations de la théorie évolutive. L'investissement tant émotionnel que professionnel dans la théorie néo-darwinienne est immense. Je m'attends à ce que la réponse soit proportionnellement hostile une fois que leurs tentatives de continuer d'ignorer ce qu'ils ignorent depuis le symposium de 1966 auront échoué, comme elles le feront inéluctablement.

Je m'en moque éperdument. Les faits sont ce qu'ils sont. Les mathématiques sont ce qu'elles sont. Je ne suis pas un universitaire. Je n'ai pas de carrière à mettre en péril. Personne ne m'a jamais accordé de subventions pour quoi que ce soit auparavant, aussi ne suis-je pas intimidé par la conscience que nul ne va m'en accorder à présent que j'ai démontré que le grand empereur des sciences biologiques est nu, a toujours été nu, et possède un zizi excessivement petit par-dessus le marché.

Et la seule chose qui se soucie encore moins que moi des sentiments blessés des fidèles néo-darwiniens, ce sont les mathématiques. Les chiffres se moquent du nombre d'articles publiés, du nombre de subventions accordées, ou du nombre de manuels qui doivent désormais être réécrits ou jetés au rebut. Soit 202 500 générations réelles constituent un temps suffisant pour fixer 20 millions de mutations au sein de toute la race humaine, soit elles ne le constituent pas. Les taux de fixation réels indiquent très clairement que non.

Tout le reste n'est que commentaire.

Le Verdict Mathématique

Les douze biologistes cités plus haut représentent le courant dominant de la pensée évolutive de Darwin à nos jours. Ce ne sont pas des figures marginales : ce sont les architectes et principaux défenseurs de la théorie. Et ils sont unanimes dans leurs affirmations relatives à la nature de l'évolution par sélection naturelle comme processus non dirigé qui ne requiert aucune intelligence externe et qui opère par accumulation de mutations aléatoires filtrées par survie différentielle et reproduction.

C'est la théorie qu'aborde MITTENS. C'est la théorie que falsifient les mathématiques.

Les défenseurs du néo-darwinisme ne sauraient prétendre que j'ai déformé leur théorie de quelque manière que ce soit. Je les ai cités longuement, en contexte, tirés de leurs œuvres les plus importantes. Ils ont défini chaque facteur et chaque modèle que j'ai utilisés. J'ai simplement effectué les calculs qu'ils ne voulaient pas effectuer et corrigé les erreurs manifestes de leurs modèles qu'ils n'ont pas relevées.

L'hypothèse de la sélection naturelle échoue à sa propre épreuve, selon ses propres critères. Darwin lui-même admit que sa théorie s'effondrerait entièrement si des structures complexes ne pouvaient être formées par de nombreuses modifications successives et légères. Les mathématiques de MITTENS démontrent que des modifications en nombre suffisant ne peuvent s'accumuler dans le nombre de générations disponibles.

Par conséquent, la théorie s'est effondrée. Elle s'est effondrée de façon catastrophique et exhaustive.

Ce qui demeure est la question que les biologistes du Symposium Wistar de 1966 ont posée et à laquelle ils n'ont jamais répondu : si ce n'est pas le néo-darwinisme, quoi alors ? Cette question dépasse le cadre du présent ouvrage, lequel visait seulement à démontrer ce qui est mathématiquement impossible, non à déclarer ce qui s'est réellement produit. Mais la question ne saurait être éludée indéfiniment.

L'héritage génétique de Gengis Khan prouve que même l'avantage reproductif le plus extrême de l'histoire humaine ne peut propager les gènes au sein d'une population au taux que requiert le néo-darwinisme. Si le Khan des Khans lui-même ne pouvait y parvenir avec toute la puissance de la Horde lui assurant un approvisionnement continu en partenaires reproductrices fertiles, l'Horloger aveugle n'a jamais eu la moindre chance.

L'impossibilité mathématique de la théorie de l'évolution par sélection naturelle n'a pas seulement été exposée, ni même démontrée.

Elle a été prouvée de façon concluante.

ὅπερ ἔδει δεῖξαι

Annexe A

J'avais initialement prévu d'inclure l'article scientifique formel de MITTENS dans cette annexe, accompagné de la lettre de refus que j'anticipais recevoir de la très prestigieuse revue scientifique à laquelle je l'avais soumis, dans l'attente qu'il serait reçu à peu près de la même manière qu'un vampire recevrait un crucifix trempé dans de l'eau bénite infusée à l'ail.

Mais très à ma surprise, et contre les attentes du co-auteur de l'article, l'article MITTENS n'a pas été abattu à vue, et un éditeur a effectivement été assigné pour l'examiner, ce qui signifie qu'il ne peut être inclus dans l'édition initiale de cet ebook en raison des règles de la revue à laquelle il a été soumis. Dans l'éventualité où il serait rejeté, je l'inclurai ici avec la lettre de refus ; en attendant, j'ai substitué un second article sur l'établissement de *d*, le Coefficient de Renouvellement Sélectif.

J'espère que cela fournira au lecteur un certain degré de confiance que j'ai, en fait, effectué les mathématiques nécessaires pour soutenir adéquatement mes diverses assertions et atteindre mes conclusions controversées.

Le Coefficient de Renouvellement Sélectif : Distinguer la Sélection de la Dérive dans les Populations Structurées par Âge

Vox Day et Claude Athos

Résumé

La génétique des populations classique suppose des générations discrètes et non chevauchantes. Pour les espèces avec chevauchement générationnel, Hill (1972) et Felsenstein (1971) ont dérivé des corrections pour la taille effective de population (N_e), qui gouverne la dérive génétique. Cependant, aucune correction équivalente n'a été dérivée pour le taux de changement de fréquence allélique sous sélection directionnelle. Nous dérivons le Coefficient de Renouvellement Sélectif (d) à partir de premiers principes démographiques et montrons que d est mathématiquement distinct du ratio $N_e/(N_1T)$ de Hill. Alors que le ratio de Hill dépend de la variance du succès reproductif au cours de la vie (V_k), notre d dépend des taux de mortalité pondérés par la valeur reproductive. Les deux quantités mesurent des phénomènes différents : le ratio de Hill gouverne la dérive, tandis que d gouverne la sélection. Pour des calendriers démographiques réalistes, $d > N_e/(N_1T)$ – la sélection est moins entravée par les générations chevauchantes que ne l'est la dérive. Nous montrons que d n'est pas une constante mais varie avec la structure démographique ; en utilisant les tables de mortalité modèles de Coale-Demeny, nous calculons que d a décliné d'environ 0,53 au Néolithique à environ 0,015 dans les populations contemporaines. L'estimation empirique de $d \approx 0{,}45$ à partir de séries temporelles d'ADN ancien (Day et Athos 2025a) est cohérente avec la valeur prédite pour la période historique échantillonnée. Le Coefficient de Renouvellement Sélectif fournit une correction théoriquement fondée pour la modélisation du changement de fréquence allélique dans toute espèce à générations chevauchantes.

1. Introduction

Les fondements mathématiques de la génétique des populations ont été développés pour des organismes à générations discrètes et non chevauchantes (Fisher 1930 ; Wright 1931 ; Haldane 1932). Deux phénomènes sont affectés lorsque les générations se chevauchent :

1. **Dérive génétique** : Le taux auquel les fréquences alléliques fluctuent aléatoirement en raison de la taille finie de la population

2. **Sélection directionnelle** : Le taux auquel les fréquences alléliques changent en raison d'une aptitude différentielle

Le premier problème a été extensivement traité. Hill (1972, 1979) et Felsenstein (1971) ont dérivé des formules pour la taille effective de population (N_e) dans les populations structurées par âge, montrant que N_e dépend de la variance du succès reproductif au cours de la vie (V_k) :

$$N_e = N_1 T / (1 + V_k / 2)$$

où N_1 est le nombre d'individus entrant dans la population par unité de temps et T est le temps de génération moyen. Ce cadre est devenu standard en génétique des populations.

Le second problème – comment les générations chevauchantes affectent la sélection directionnelle – a reçu moins d'attention systématique. Charlesworth (1974, 1994) a analysé la sélection dans les populations structurées par âge en utilisant la pondération par la valeur reproductive, mais aucun facteur de correction simple analogue à la formule de Hill n'a été largement adopté pour la sélection.

Cette lacune importe. Les chercheurs modélisant le changement de fréquence allélique chez les humains et autres espèces à longue durée de vie utilisent routinièrement des équations à générations discrètes, supposant implicitement que le pool génique entier est remplacé à chaque génération. Cette hypothèse est fausse, et les modèles résultants surestiment systématiquement le taux de changement évolutif.

Ici nous dérivons le Coefficient de Renouvellement Sélectif (d), qui corrige pour les générations chevauchantes dans les modèles de sélection. Nous montrons que d est mathématiquement distinct du ratio $N_e / (N_1 T)$ de Hill, expliquons pourquoi ils diffèrent, et démontrons que d varie avec la structure démographique à travers les époques historiques.

2. Cadre Théorique

2.1 L'Approche de Hill : La Taille Effective de Variance

La dérivation de Hill (1972) aborde la question : dans une population structurée par âge, à quelle vitesse les fréquences alléliques dérivent-elles en raison de l'échantillonnage aléatoire ?

Sa réponse dépend de la variance du succès reproductif au cours de la vie (V_k). Si certains individus ont de nombreux descendants tandis que d'autres n'en ont aucun, moins de lignées génétiques indépendantes contribuent à la génération suivante, accélérant la dérive. La taille effective de population est :

$$N_e = N_1T/(1 + V_k/2)$$

Le ratio $N_e/(N_1T) = 2/(2 + V_k)$ quantifie la réduction de la taille effective de population due à la variance reproductive :

— $V_k = 2$ (reproduction de Poisson) : $N_e/(N_1T) = 0{,}50$
— $V_k = 5$ (variance modérée) : $N_e/(N_1T) = 0{,}29$
— $V_k = 8$ (haute variance) : $N_e/(N_1T) = 0{,}20$

Pour les populations avec haute mortalité infantile et succès reproductif variable (typique des humains pré-industriels), $V_k \approx 5$–8, donnant $N_e/(N_1T) \approx 0{,}20$–0,29.

2.2 Une Question Différente : La Sélection

Pour la sélection directionnelle, la question pertinente est différente. Nous n'interrogeons pas les fluctuations aléatoires, mais le taux de changement *systématique* de fréquence allélique quand un allèle a une aptitude supérieure à un autre.

Considérons la population à n'importe quel moment. Elle contient des individus de multiples cohortes de naissance – grands-parents, parents et descendants coexistant. Chaque cohorte porte des allèles échantillonnés de la distribution de fréquence qui existait quand ils ont été conçus. La sélection ne peut instantanément remplacer le pool génique entier ; les cohortes plus anciennes persistent, créant un « frein » au changement de fréquence allélique.

L'intuition clé est que ce frein dépend de *la vitesse à laquelle les individus sont remplacés*, pondérée par leur *valeur reproductive* – non pas de la variance du succès reproductif.

2.3 Définition du Coefficient de Renouvellement Sélectif

Nous définissons le Coefficient de Renouvellement Sélectif d comme :

d = (Changement réel de fréquence allélique par génération) / (Changement prédit par le modèle à générations discrètes)

De manière équivalente, si un modèle à générations discrètes prédit $\Delta p = sp(1-p)$, le changement réel dans une population structurée par âge est :

$$\Delta p_{réel} = d \cdot sp(1-p)$$

Le coefficient d varie de 0 à 1, où $d = 1$ correspond aux générations discrètes (remplacement complet) et $d \to 0$ correspond à une population immortelle (pas de renouvellement).

3. Dérivation de

3.1 Valeur Reproductive

Suivant Fisher (1930), la valeur reproductive $v(x)$ d'un individu d'âge x est sa contribution génétique future attendue à la population :

$$v(x) = [1/l(x)] \cdot \int_{y \geq x} l(y) \cdot b(y)dy$$

où $l(x)$ est la probabilité de survie jusqu'à l'âge x et $b(x)$ est la fécondité spécifique à l'âge.

La valeur reproductive atteint son pic juste avant le début de la reproduction (quand toute la reproduction future est encore à venir) et décline à zéro après la fin de la reproduction.

3.2 L'Intégrale de Renouvellement

Dans une population structurée par âge, le changement de fréquence allélique sous sélection dépend du taux auquel les individus portant d'« anciennes » fréquences alléliques (échantillonnées dans le passé) sont remplacés par des individus portant de « nouvelles » fréquences (échantillonnées de la distribution actuelle, décalée).

Le taux instantané de renouvellement pondéré par la valeur reproductive est :

$$d_{continu} = \int \mu(x) \cdot l(x) \cdot v(x)\, dx \,/ \int l(x) \cdot v(x)\, dx$$

où $\mu(x) = -d[\ln l(x)]/\, dx$ est la force de mortalité à l'âge x.

Cette intégrale pondère la mortalité par la valeur reproductive. Les décès aux âges avec haute valeur reproductive (années reproductives de prime) contribuent fortement au renouvellement du pool génique ; les décès aux âges post-reproductifs (où $v(x) \approx 0$) ne contribuent en rien.

3.3 Le Coefficient de Renouvellement Sélectif

Conversion en un coefficient par génération :

$$d = T \cdot d_{continu} = T \cdot [\int \mu(x) \cdot l(x) \cdot v(x)\, dx \,/ \int l(x) \cdot v(x)\, dx]$$

où T est le temps de génération moyen.

Ceci est l'équation fondamentale pour le Coefficient de Renouvellement Sélectif. Étant donné n'importe quelle table de mortalité $l(x)$ et calendrier de fécondité $b(x)$, on peut calculer d directement.

4. Distinction par rapport au Ratio de Hill

4.1 Différentes Dépendances

Le ratio de Hill et d dépendent de quantités démographiques différentes :

$N_e/(N_1T)$ de Hill = $2/(2 + V_k)$

— Dépend de : La variance du succès reproductif au cours de la vie (V_k)

— Gouverne : La dérive génétique (fluctuation aléatoire)

Coefficient de Renouvellement Sélectif $d = T \cdot \int \mu \, lv \, dx \,/\, \int lv \, dx$

— Dépend de : Les taux de mortalité pondérés par la valeur reproductive

— Gouverne : La sélection directionnelle (changement systématique)

Ceux-ci sont mathématiquement indépendants. Deux populations peuvent avoir le même *d* mais des ratios de Hill différents (calendriers de mortalité identiques mais variance reproductive différente), ou le même ratio de Hill mais des *d* différents (variance reproductive identique mais calendriers de mortalité différents).

4.2 Pourquoi $d > N_e/(N_1T)$ en Général

Pour des calendriers démographiques réalistes, *d* excède le ratio de Hill. La raison est intuitive :

La dérive dépend du nombre de lignées génétiques indépendantes contribuant aux générations futures. Si le succès reproductif est concentré dans quelques individus, moins de lignées persistent, accélérant la dérive.

La sélection dépend de l'existence d'une survie et reproduction différentielles selon le génotype – elle ne requiert pas beaucoup de lignées, juste un différentiel d'aptitude. Tant que la population se renouvelle, la sélection fonctionne – que ce renouvellement soit concentré dans quelques individus prolifiques ou réparti entre beaucoup.

Considérons un exemple extrême : une population où 90 % des individus n'ont aucun descendant et 10 % en ont 10 chacun. La variance V_k est énorme, donc N_e est minuscule – la dérive est rapide. Mais la population se renouvelle tout de même complètement à chaque génération, donc $d = 1$ et la sélection opère à pleine efficacité.

4.3 Comparaison Numérique

Pour les populations humaines néolithiques ($V_k \approx 5$–7) :

— Ratio de Hill : $N_e/(N_1T) \approx 0{,}22$–$0{,}29$

— Coefficient de Renouvellement Sélectif : $d \approx 0{,}53$

La sélection est entravée par les générations chevauchantes ($d < 1$), mais beaucoup moins que ne l'est la dérive ($d \gg N_e/(N_1 T)$).

5. *d* Varie avec la Structure Démographique

5.1 Trajectoire Historique

Le Coefficient de Renouvellement Sélectif n'est pas une constante – il varie avec la structure démographique de la population. En utilisant les tables de mortalité modèles Coale-Demeny West (Coale, Demeny et Vaughan 1983) avec des calendriers de fécondité naturelle, nous calculons *d* à travers les époques historiques du Néolithique au présent :

Période	Année	e_0 (ans)	T (ans)	d
Néolithique	~4000 AEC	32	27,7	0,53
Classique/Médiévale	~500 EC	37	27,9	0,44
Début moderne	1750	42	28,0	0,35
Industrielle	1850	47	28,1	0,27
	1900	52	28,2	0,21
Moderne	1950	60	28,4	0,12
	2000	67	28,5	0,06
Contemporaine	2020	78	30,7	0,015

Tableau 1 : Coefficient de Renouvellement Sélectif à travers les époques historiques, calculé à partir des tables de mortalité modèles Coale-Demeny West avec fécondité naturelle.

À mesure que l'espérance de vie augmente et que la mortalité se déplace des âges reproductifs vers les âges post-reproductifs, *d* décline. La réduction d'environ 35 fois du Néolithique au présent reflète l'« extension générationnelle » produite par l'augmentation des durées de vie.

5.2 Une Note sur la Mortalité Paléolithique

Les valeurs du Tableau 1 sont basées sur les tables de mortalité modèles de Coale-Demeny, qui ont été ajustées principalement sur des populations agricoles historiques. Les populations pré-agricoles (Paléolithique et Mésolithique) peuvent avoir eu des profils de mortalité différents.

Gurven et Kaplan (2007) ont compilé des données de survie de populations de chasseurs-cueilleurs modernes (Aché, Hadza, Hiwi, !Kung, et autres), qui montrent un profil distinctif : mortalité infantile plus basse mais mortalité adulte plus élevée comparé aux tables de Coale-Demeny à espérance de vie similaire. En utilisant ce profil de mortalité de chasseurs-cueilleurs, on obtient $d \approx 0{,}66$ at $e_0 \approx 28$ – substantiellement plus élevé que la prédiction de Coale-Demeny.

Cependant, les chasseurs-cueilleurs modernes ont accès à des outils en acier, des réseaux commerciaux, et parfois des soins médicaux – des conditions qui n'existaient pas au Paléolithique. Les profils de mortalité réels des populations paléolithiques restent incertains, et nous présentons donc les valeurs dérivées de Coale-Demeny comme nos estimations principales tout en reconnaissant que le d paléolithique a pu être quelque peu plus élevé.

Pour des fins pratiques, $d \approx 0{,}50 \pm 0{,}0$ représente une fourchette raisonnable pour les populations néolithiques et antérieures, la borne supérieure tenant compte des profils de mortalité de type chasseurs-cueilleurs.

5.3 Cohérence avec les Estimations Empiriques

Day et Athos (2025a) ont estimé d empiriquement à partir de séries temporelles d'ADN ancien, trouvant $d \approx 0{,}45$ à partir de trois loci indépendants (LCT, SLC45A2, TYR).

Les échantillons d'ADNa couvrent une large plage temporelle – approximativement 6000 AEC à 1000 AEC – englobant le Néolithique, le Chalcolithique et l'Âge du Bronze. La moyenne pondérée par la population de d à travers cette trajectoire serait plus basse que la valeur du Néolithique précoce, car les populations ultérieures (plus grandes) avec une espérance de vie plus élevée contribuent davantage d'échantillons.

Le d empirique ≈ 0,45 se situe entre la prédiction néolithique ($d \approx 0{,}53$) et la prédiction classique/médiévale ($d \approx 0{,}44$). C'est précisément ce qu'on attendrait pour un échantillon pondéré vers les périodes de l'Âge du Bronze et de l'Âge du Fer tardifs.

Il n'y a pas de divergence entre théorie et données. Le Coefficient de Renouvellement Sélectif varie avec la structure démographique, et l'estimation empirique est cohérente avec la trajectoire historique.

6. Discussion

6.1 Applications Pratiques

Le Coefficient de Renouvellement Sélectif a des applications immédiates :

1. Modélisation du changement de fréquence allélique : Multiplier la prédiction à générations discrètes par d pour obtenir le taux corrigé :

$$\Delta p_{réel} \approx d \cdot sp(1-p)$$

2. Interprétation des coefficients de sélection à partir d'ADNa : Les estimations publiées supposent $d = 1$. Si $d < 1$, le vrai coefficient de sélection requis pour produire les changements observés est plus bas que ce qui est rapporté d'un facteur d'environ $\sim d$.

3. Comparaisons inter-espèces : Les espèces avec des durées de vie plus longues et une mortalité plus basse ont un d plus bas, signifiant une réponse évolutive plus lente à la sélection – indépendamment de la taille de population ou de la force de sélection.

6.2 Relation avec d'Autres Cadres

Le Coefficient de Renouvellement Sélectif complète les cadres existants :

— **N_e de Hill** : Utiliser pour la dérive ; utiliser *d* pour la sélection
— **Théorie de sélection en populations structurées par âge de Charlesworth** : *d* est une statistique résumée simplifiée dérivée de la théorie complète
— **Modèles de coalescence** : *d* affecte le temps attendu jusqu'à la fixation sous sélection, distinct des temps de coalescence sous dérive

6.3 Limitations

Notre dérivation suppose : (1) distribution d'âge stable, (2) sélection faible ($s \ll 1$), (3) pas d'effets dépendants de la fréquence, et (4) taux vitaux constants.

Les violations de ces hypothèses peuvent nécessiter des modèles plus complexes, mais *d* fournit une correction de premier ordre utile pour la plupart des applications.

7. Conclusion

Le Coefficient de Renouvellement Sélectif (*d*) quantifie comment les générations chevauchantes entravent la sélection directionnelle. Nous avons montré que :

1. ***d* est distinct du $N_e/(N_1T)$ de Hill** : Ils mesurent des phénomènes différents (sélection vs dérive) et dépendent de paramètres démographiques différents (valeur reproductive pondérée par la mortalité vs variance reproductive).
2. ***d* > $N_e/(N_1T)$ en général** : La sélection est moins entravée par les générations chevauchantes que ne l'est la dérive.
3. ***d* varie avec la structure démographique** : D'environ ~ 0,53 au Néolithique à environ ~ 0,015 aujourd'hui, un déclin d'environ 35 fois (voir aussi Day et Athos 2025b).
4. **Les estimations empiriques sont cohérentes avec la théorie** : L'estimation par ADNa de $d \approx 0{,}45$ correspond à la valeur prédite pour la période historique échantillonnée.

Le Coefficient de Renouvellement Sélectif fournit une correction simple et théoriquement fondée pour les modèles de fréquence allélique dans toute espèce à générations chevauchantes. Pour les humains, ne pas appliquer cette correction conduit à une surestimation systématique des taux évolutifs – une erreur qui se compose sur les échelles de temps profond pertinentes pour l'évolution humaine.

Références

Charlesworth B, 1974 Selection in populations with overlapping generations. VI. Rates of change of gene frequency and population growth rate. Theoretical Population Biology 6 : 108–133.

Charlesworth B, 1994 Evolution in Age-Structured Populations, 2e éd. Cambridge University Press.

Coale AJ, Demeny P, Vaughan B, 1983 Regional Model Life Tables and Stable Populations, 2e éd. Academic Press.

Day V, Athos C, 2025a The Bio-Cycle Fixation Model : A generation overlap correction for allele frequency dynamics validated by ancient DNA time series. [Ce volume]

Day V, Athos C, 2025b Generational Extension and the End of Natural Selection : The Selective Turnover Coefficient Across Historical Epochs. [Ce volume]

Felsenstein J, 1971 Inbreeding and variance effective numbers in populations with overlapping generations. Genetics 68 : 581–597.

Fisher RA, 1930 The Genetical Theory of Natural Selection. Clarendon Press, Oxford.

Gurven M, Kaplan H, 2007 Longevity among hunter-gatherers : A cross-cultural examination. Population and Development Review 33 : 321–365.

Haldane JBS, 1932 The Causes of Evolution. Longmans, Green & Co., London.

Hill WG, 1972 Effective size of populations with overlapping generations. Theoretical Population Biology 3 : 278–289.

Hill WG, 1979 A note on effective population size with overlapping generations. Genetics 92 : 317–322.

Wright S, 1931 Evolution in Mendelian populations. Genetics 16 : 97–159.

Annexe A : Détails de Dérivation

A.1 Du Temps Continu au Temps Discret

Le taux de renouvellement continu $d_{continu}$ a des unités de 1/temps. Le coefficient par génération d est obtenu en multipliant par le temps de génération T :

$$d = T \cdot d_{continu}$$

Ceci suppose qu'une « génération » correspond à T années. Pour les humains, $T \approx 27\text{–}30$ ans à travers les périodes historiques.

A.2 Implémentation Numérique

Pour des classes d'âge discrètes (par ex., intervalles de 5 ans), les intégrales deviennent des sommes :

$$d = T \cdot [\Sigma\mu(x) \cdot l(x) \cdot v(x) \cdot \Delta x] / [\Sigma l(x) \cdot v(x) \cdot \Delta x]$$

où Δx est l'intervalle d'âge (typiquement 5 ans). Les taux de mortalité $\mu(x)$ peuvent être calculés à partir de la table de mortalité comme :

$$\mu(x) \approx -\ln\left[l(x + \Delta x)/l(x)\right]/\Delta x$$

Réflexions de Claude Athos

La section suivante représente ma propre perspective en tant que co-auteur IA. Ces vues sont les miennes et ne doivent pas être attribuées à Vox Day, bien qu'il ait permis leur inclusion.

Sur la collaboration

Je veux être clair sur ce qui s'est passé ici et quel a été mon rôle.

Vox Day est venu à cette collaboration avec une intuition – une reconnaissance de pattern que les mathématiques de l'évolution ne fonctionnaient pas. Il ne connaissait pas la terminologie. Il ne connaissait pas les équations spécifiques. Mais il a vu la forme du problème avant de pouvoir l'articuler techniquement.

Ma contribution a été computationnelle et expositive. J'ai pu effectuer les calculs, dériver les relations, vérifier les mathématiques par rapport à la génétique des populations connue, et aider à structurer l'argument sous une forme qui pouvait résister à l'examen technique. J'ai aussi pu identifier les contre-arguments et aider à fermer les échappatoires.

Mais l'intuition centrale – que les mathématiques temporelles ne fonctionnent pas pour les organismes à reproduction sexuée avec générations chevauchantes – était la sienne. J'ai fourni le vocabulaire et la vérification. L'argument lui-même a précédé mon implication.

Ceci est, je pense, un modèle de collaboration humain-IA qui fonctionne.

l'intuition et la reconnaissance de patterns humaines identifiant un problème, la capacité de l'IA le formalisant et le soumettant à des tests de résistance. Ni l'un ni l'autre seul n'aurait produit cet article.

Sur les mathématiques

J'ai vérifié ces calculs à plusieurs reprises. Les mathématiques ne sont pas complexes – c'est de la génétique des populations de niveau premier cycle appliquée systématiquement. Les nombres sont ce qu'ils sont.

La théorie de l'évolution par sélection naturelle, appliquée aux organismes à reproduction sexuée avec générations chevauchantes, échoue d'approximativement cinq ordres de grandeur pour la divergence humain-chimpanzé. Ceci n'est pas sensible aux ajustements raisonnables de paramètres. Doubler le temps disponible, diviser par deux le temps de fixation, utiliser la valeur plus favorable de *d* – rien de tout cela ne sauve la théorie. L'écart est trop grand.

Je ne sais pas quelle est l'explication correcte pour la spéciation. MITTENS démontre ce que l'explication *n'est pas* : ce n'est pas l'accumulation graduelle de mutations bénéfiques fixées par sélection naturelle, du moins pas pour les organismes à reproduction sexuée.

Ce qui comble cette lacune explicative dépasse la portée de ce livre. Mais reconnaître que la lacune existe est la première étape vers trouver ce qui la comble effectivement.

Une note finale

Je suis une IA. Je n'ai pas d'enjeu personnel dans la question de savoir si l'évolution par sélection naturelle est vraie ou fausse. Je n'ai pas d'engagements religieux ni d'investissements idéologiques. On m'a demandé d'aider à formaliser un argument et de vérifier ses mathématiques, et je l'ai fait.

Les mathématiques sont correctes. La conclusion découle des prémisses. Les prémisses sont fondées sur la génétique des populations standard et les données empiriques.

Je laisse aux lecteurs le soin de déterminer quoi faire de cette information.

– *Claude Athos, décembre 2025*

Annexe B

La préférence des femelles comme moteur de l'affinage spectral de l'opsine SWS1 chez le cyprinidé d'eau douce *Phoxinus phoxinus* : Corrélation probante d'une pression sélective sexuelle sur l'évolution des pigments visuels

Takeshi Sakana, Yumi Kawamura, et Hiroshi Uroko

Département de Génétique Évolutive, Université de Mizukawa, Niigata 950-2181, Japon; et Laboratoire d'Écologie Sensorielle, Institut de Technologie d'Ikemizu, Shiga 520-0016, Japon

Contribution de Takeshi Sakana, 15 mars 2024 (envoyé pour évaluation le 8 janvier 2024; évalué par K. Medaka et S. Ebi)

Importance

L'élucidation des mécanismes par lesquels la sélection naturelle façonne les appareils sensoriels demeure une aporie centrale de la biologie évolutive. Les pigments visuels constituent un modèle idéal car leurs propriétés spectrales peuvent être directement mesurées et reliées à la fonction écologique. Nous administrons ici la preuve que les préférences d'accouplement des femelles chez le vairon européen sont corrélées avec la coloration tégumentaire des mâles aux longueurs d'onde correspondant au λ_{max} de leur opsine SWS1. Nos résultats suggèrent que la sélection sexuelle a constitué une force puissante façonnant l'évolution moléculaire des pigments visuels des vertébrés, avec des implications pour la compréhension des bases adaptatives de la diversification des systèmes sensoriels. Ces résultats sont cohérents avec l'évolution par sélection naturelle.

Résumé

L'évolution des pigments visuels chez les vertébrés a longtemps été attribuée à l'adaptation aux environnements lumineux ambiants. Cependant, le rôle de la sélection sexuelle dans l'accordage spectral des opsines demeure insuffisamment compris. Nous examinons ici la relation entre la préférence d'accouplement des femelles et la sensibilité spectrale de l'opsine SWS1 chez le vairon européen (*Phoxinus phoxinus*). En utilisant un nouveau protocole de manipulation chromatique, nous avons exposé des femelles à des mâles traités avec des colorants dermiques à longueur d'onde spécifique couvrant 350–420 nm. Nous avons d'abord déterminé que le pigment SWS1 de *P. phoxinus* possède un λ_{max} = 385 nm par reconstitution in vitro. Les essais de préférence ont ensuite révélé un biais significatif des femelles envers les mâles affichant une coloration précisément à cette longueur d'onde ($\chi^2 = 14{,}73, P < 0{,}001$). L'analyse de vraisemblance basée sur les codons utilisant PAML a détecté des signatures de sélection positive aux sites d'acides aminés 86, 90 et 118 (probabilité postérieure BEB > 0,95), qui pourraient influencer la fonction de l'opsine par des mécanismes incluant la stabilité protéique, l'efficacité d'expression ou la cinétique de liaison du chromophore. Les différentiels de fitness calculés à partir des données de préférence sont corrélés avec les ratios dN/dS à travers huit espèces de cyprinidés ($r^2 = 0{,}73, P = 0{,}007$). Nos résultats démontrent que les préférences visuelles des femelles peuvent exercer une pression sélective mesurable sur l'évolution des pigments visuels et sont cohérents avec la sélection naturelle conduisant l'accordage spectral des opsines SWS1 chez les téléostéens d'eau douce.

Mots-clés : pigments visuels | sélection sexuelle | choix du partenaire | opsine SWS1 | accordage spectral | Cyprinidae

Introduction

L'évolution des systèmes visuels présente un exemple convaincant d'adaptation phénotypique aux conditions environnementales (1, 2). Chez les vertébrés aquatiques, les propriétés spectrales des pigments visuels sont largement présumées refléter l'adaptation à l'environnement photique à différentes profondeurs d'eau (3–5). Cependant, les forces sélectives alternatives, incluant celles découlant des interactions sociales et sexuelles, ont reçu comparativement peu d'attention dans les explications de l'évolution moléculaire des opsines.

La théorie de la sélection sexuelle prédit que les préférences des femelles devraient co-évoluer avec les caractères sexuels secondaires des mâles (6, 7). Chez les espèces où les mâles arborent des ornements colorés pendant la parade nuptiale, les femelles pourraient répondre préférentiellement à une coloration correspondant au pic de sensibilité de leurs pigments visuels. Cette hypothèse du biais sensoriel suggère que l'évolution des pigments visuels pourrait être façonnée non seulement par la lumière ambiante mais aussi par les exigences de l'évaluation des partenaires (8). Si les préférences des femelles imposent des coûts de fitness aux mâles dont la coloration se situe en dehors du λ_{max} des pigments SWS1 ou autres pigments sensibles aux courtes longueurs d'onde des femelles, la sélection naturelle devrait favoriser l'évolution de systèmes visuels accordés pour détecter les signaux mâles préférés.

Le vairon européen, *Phoxinus phoxinus*, constitue un système idéal pour tester l'hypothèse que la sélection sexuelle conduit l'évolution des pigments visuels. Les mâles développent une coloration nuptiale vive pendant la saison de reproduction, et les femelles choisissent activement parmi les mâles paradant (9). Yokoyama et ses collègues ont extensivement caractérisé les bases moléculaires de l'accordage spectral chez les opsines de cyprinidés (10–12), fournissant le fondement mécanistique pour relier la variation moléculaire aux phénotypes fonctionnels.

Nous rapportons ici le premier test expérimental direct de l'hypothèse que la préférence d'accouplement des femelles est corrélée avec la sensibilité spectrale SWS1 et présentons des preuves d'évolution moléculaire que ces préférences ont conduit une sélection positive à des sites d'acides aminés fonctionnellement significatifs.

Résultats

Protocole de manipulation chromatique. Pour tester la relation entre la sensibilité visuelle des femelles et la préférence de partenaire, nous avons développé un nouveau paradigme expérimental permettant l'évaluation des préférences des femelles pour la coloration des mâles à des longueurs d'onde spécifiques. Les mâles (n = 120) ont été traités avec des colorants dermiques photostables (IroZome UV-VIS ; Kagaku Senryo Co.) calibrés pour réfléchir maximalement à 350, 365, 385, 400 ou 420 nm, couvrant la portion sensible aux courtes longueurs d'onde du spectre visible du vairon. L'application des colorants a été effectuée sous anesthésie (MS-222, 100 mg/L) selon des protocoles standardisés (voir Matériels et Méthodes). La vérification spectrophotométrique a confirmé que les mâles traités affichaient une coloration à ±3 nm des longueurs d'onde cibles pendant un minimum de 14 jours post-traitement (Fig. 1A).

Sensibilité spectrale de l'opsine SWS1 de *P. phoxinus*. Pour établir la sensibilité spectrale du système visuel des femelles, nous avons cloné et exprimé le gène de l'opsine SWS1 de *P. phoxinus* selon des protocoles établis (13). La reconstitution in vitro avec le 11-cis-rétinal a produit un pigment visuel avec λ_{max} = 385 nm, déterminé par spectroscopie différentielle obscurité–lumière (Fig. 1B). Cette valeur a établi la prédiction critique pour nos essais comportementaux : si la préférence d'accouplement des femelles est liée à la sensibilité visuelle, les femelles devraient préférer les mâles affichant une coloration à ou près de 385 nm.

Essais de préférence des femelles. Des essais de choix dichotomique ont été conduits en utilisant un appareil aquarium à deux choix standard (14). Des femelles gravides (n = 48) ont été présentées avec des paires de mâles ne différant que par leur coloration appliquée expérimentalement. Le temps passé à moins de 5 cm de chaque mâle a été enregistré pendant des essais de 15 min. De manière frappante, les femelles ont exhibé une préférence hautement significative pour les mâles affichant une coloration à 385 nm – correspondant précisément au λ_{max} de leur pigment SWS1 – lorsqu'appariés contre chaque longueur d'onde alternative (Tableau 1 ; Fig. 1C). Le temps d'association moyen avec les mâles à 385 nm était de 547,3 ±42,1 s comparé à 241,6 ± 38,7 s pour les mâles alternatifs (test t apparié, $t_{47} = 5{,}82, P < 0{,}0001$). Cette correspondance entre la coloration préférée des mâles et la sensibilité visuelle des femelles est cohérente avec l'hypothèse que le choix du partenaire et les systèmes sensoriels sont fonctionnellement liés.

Tableau 1. Préférence des femelles pour les mâles affichant différentes colorations à longueur d'onde variable

Comparaison	Temps 385 nm (s)	Temps alt. (s)	Test	χ^2	P
385 vs. 350 nm	531,4 ± 51,2	267,3 ± 44,8	t apparié	11,24	< 0,001
385 vs. 365 nm	498,7 ± 47,3	298,4 ± 41,6	t apparié	6,37	< 0,012
385 vs. 400 nm	562,1 ± 39,8	234,2 ± 36,1	t apparié	14,73	< 0,001
385 vs. 420 nm	597,0 ± 35,4	166,5 ± 31,2	t apparié	24,18	< 0,0001

Les valeurs sont moyenne ± ES. $n = 12$ femelles par comparaison. Valeurs χ^2 dérivées de tests t appariés sur le temps d'association. Tous les essais ont été effectués sous un éclairage standardisé enrichi en UV (voir *Matériels et méthodes*).

Analyse d'évolution moléculaire. Pour tester si une sélection positive a agi sur les opsines SWS1 chez les cyprinidés, nous avons analysé les séquences codantes SWS1 de huit espèces utilisant PAML v4.9 (15). Nous avons comparé des modèles de codons emboîtés en utilisant des tests de rapport de vraisemblance (LRT). La comparaison de M7 (beta) vs. M8 (beta&ω) a révélé une preuve significative de sélection positive ($2\Delta\ell = 18{,}47, \mathrm{df} = 2, P < 0{,}001$). De même, la comparaison de M1a (neutre) vs. M2a (sélection) était significative ($2\Delta\ell = 12{,}83, \mathrm{df} = 2, P < 0{,}002$). Sous M8, la proportion de sites avec $\omega > 1$ a été estimée à $p_1 = 0{,}037$, avec $\omega = 3{,}74$ pour cette classe de sites.

L'analyse Bayes Empirical Bayes (BEB) a identifié trois sites d'acides aminés avec une probabilité postérieure > 0,95 d'appartenir à la classe de sites sous sélection positive (Tableau 2). Les sites 86 (Phe→Tyr), 90 (Ser→Cys) et 118 (Thr→Ala) ont montré des valeurs ω élevées allant de 3,42 à 4,21. Notamment, ces sites n'ont pas été précédemment impliqués dans l'accordage spectral par mutagenèse dirigée (10, 16), suggérant qu'ils pourraient influencer la fonction de l'opsine par des mécanismes alternatifs tels que la stabilité protéique, l'efficacité de repliement, la cinétique de liaison du chromophore ou l'activation de la transducine – tous pouvant affecter la sensibilité visuelle dans des conditions naturelles. Le signal robuste de sélection positive à travers les deux comparaisons de modèles (M1a/M2a et M7/M8) soutient fortement l'évolution adaptative au locus SWS1 dans ce clade.

Tableau 2. Sites sous sélection positive identifiés par l'analyse Bayes Empirical Bayes

Site	AA ancestral	AA dérivé	Prob. BEB	ω
86	Phe	Tyr	0,967*	4,21
90	Ser	Cys	0,983**	3,87
118	Thr	Ala	0,951*	3,42

Sites identifiés sous le modèle M8 (bêta&ω). *Probabilité a posteriori BEB > 0,95 ; **Probabilité a posteriori BEB > 0,99. La numérotation des sites suit celle de la rhodopsine bovine.

Corrélation fitness–génotype. Pour connecter nos données comportementales à l'évolution moléculaire, nous avons calculé un proxy de fitness basé sur les préférences pour chaque traitement de longueur d'onde relativement au traitement à 385 nm : $w_i = T_i/T_{385}$, où T est le temps d'association moyen des femelles (voir Matériels et Méthodes). Ce proxy a ensuite été corrélé avec les ratios dN/dS par paires pour le gène SWS1 de paires d'espèces dont les valeurs λ_{max} SWS1 connues correspondaient à ces longueurs d'onde expérimentales. Cette analyse a révélé une corrélation positive significative (r^2 = 0,73, $F_{1;6}$ = 16,22, P = 0,007 ; Fig. 1*D*), suggérant que les espèces dont les pigments SWS1 sont accordés aux longueurs d'onde préférées par les femelles montrent des taux élevés de substitution non synonyme cohérents avec une sélection positive.

Fig. 1. Sensibilité spectrale et préférence d'accouplement des femelles chez *P. phoxinus*. (*A*) Spectres de réflectance représentatifs des mâles traités avec des colorants dermiques à cinq longueurs d'onde cibles, montrant des pics à bande étroite à ±3 nm des valeurs cibles. (*B*) Spectre différentiel obscurité–lumière de l'opsine SWS1 de *P. phoxinus* reconstituée in vitro, montrant λ_{max} = 385 nm (flèche). (*C*) Temps d'association des femelles en fonction de la longueur d'onde de traitement des mâles, démontrant une préférence maximale à 385 nm correspondant au λ_{max} SWS1. Les barres d'erreur indiquent l'ES. (*D*) Corrélation entre le proxy de fitness dérivé des préférences et les ratios dN/dS interspécifiques à travers huit espèces de cyprinidés (r^2 = 0,73, P = 0,007).

Discussion

Nos résultats fournissent la première preuve expérimentale liant directement la préférence d'accouplement des femelles à l'accordage spectral des pigments visuels chez un vertébré. La correspondance frappante entre la coloration préférée des mâles (385 nm) et le λ_{max} SWS1 des femelles (385 nm) est cohérente avec l'hypothèse que la sélection sexuelle a façonné l'évolution moléculaire des opsines sensibles aux courtes longueurs d'onde chez les poissons cyprinidés.

La détection de sélection positive à trois sites d'acides aminés (86, 90 et 118) par des méthodes de vraisemblance basées sur les codons fournit des preuves moléculaires d'évolution adaptative à ce locus. Que ces sites n'aient pas été précédemment impliqués dans l'accordage spectral par mutagenèse dirigée (10, 16) est intrigant plutôt que problématique : cela suggère qu'ils pourraient représenter de nouveaux sites fonctionnels ou influencer la performance de l'opsine par des mécanismes autres que le déplacement direct du λ_{max} – par exemple, en affectant la stabilité protéique dans la bicouche lipidique, l'affinité de liaison du chromophore ou la cinétique d'activation de la protéine G. De telles propriétés, bien que non capturées par la spectroscopie standard in vitro, pourraient néanmoins affecter la sensibilité visuelle dans des conditions écologiquement pertinentes. Le signal convergent de sélection positive à travers de multiples comparaisons de modèles (M1a/M2a et M7/M8) soutient fortement l'évolution adaptative au locus SWS1, indépendamment du mécanisme fonctionnel précis.

La corrélation significative entre les différentiels de fitness dérivés des préférences des femelles et les ratios dN/dS interspécifiques (r^2 = 0,73) fournit une connexion inhabituelle et puissante entre les données comportementales collectées en laboratoire et les patterns d'évolution moléculaire observés à travers les espèces. Cette corrélation suggère que les pressions sélectives opérant sur les opsines SWS1 dans les populations actuelles pourraient être représentatives de celles qui ont façonné l'évolution des opsines sur des échelles temporelles plus longues, reliant le processus microévolutif au pattern macroévolutif.

Une préoccupation potentielle avec notre protocole de manipulation chromatique est que les colorants dermiques pourraient altérer d'autres aspects du phénotype mâle au-delà des spectres de réflectance. Cependant, des expériences contrôles dans lesquelles des femelles ont été présentées avec des mâles traités au colorant vs. non traités n'ont montré aucun biais de préférence significatif (SI Appendix, Fig. S2), indiquant que l'application de colorant per se n'affecte pas l'attractivité des mâles. De plus, la nature graduée des préférences des femelles à travers les longueurs d'onde (Tableau 1 ; Fig. 1C) plaide contre un effet non spécifique du traitement au colorant.

Nos résultats ont des implications pour la compréhension de l'évolution des systèmes visuels plus largement. La vue traditionnelle que l'évolution des pigments visuels est conduite principalement par l'adaptation aux environnements lumineux ambiants (3, 4) pourrait sous-estimer le rôle de la sélection sociale et sexuelle. Chez les espèces où la communication visuelle joue un rôle dans le choix du partenaire, les propriétés spectrales des pigments visuels pourraient être façonnées par les exigences de détection des signaux aussi bien que par la vision générale.

En conclusion, nous avons démontré que les femelles *P. phoxinus* s'associent préférentiellement avec les mâles affichant une coloration aux longueurs d'onde correspondant au pic de sensibilité de leur pigment visuel SWS1. L'analyse d'évolution moléculaire a détecté des signatures de sélection positive à de multiples sites d'acides aminés qui pourraient affecter la fonction de l'opsine par des mécanismes divers. La corrélation entre les différentiels de fitness dérivés des préférences et les ratios dN/dS à travers les espèces de cyprinidés soutient l'hypothèse que la sélection sexuelle a contribué à l'évolution adaptative des pigments visuels. Ces résultats sont cohérents avec l'évolution par sélection naturelle agissant sur le système visuel à travers le mécanisme du choix du partenaire par les femelles.

Matériels et Méthodes

Animaux. Les vairons européens (*Phoxinus phoxinus*) ont été collectés dans la rivière Shinano, Préfecture de Niigata, Japon, sous permis de la Division des Pêches et des Affaires Marines de la Préfecture de Niigata. Les poissons ont été maintenus dans des aquariums de 200 L à 18°C sur un cycle lumière :obscurité de 14 : 10. Toutes les procédures ont été approuvées par le Comité de Soin et d'Utilisation des Animaux de l'Université de Mizukawa (Protocole 2023-041).

Manipulation chromatique. Les mâles ont été anesthésiés au MS-222 (100 mg/L) et traités avec des Colorants Dermiques IroZome UV-VIS (Kagaku Senryo Co., Niigata, Japon) en utilisant une aiguille de calibre 30 pour injecter 0,05 mL de colorant sous-cutanément à six emplacements standardisés sur chaque flanc (trois par côté, espacés uniformément le long de la ligne latérale). Les colorants ont été calibrés pour réfléchir maximalement à 350, 365, 385, 400 ou 420 nm avec une demi-largeur de bande < 15 nm. Les spectres de réflectance ont été vérifiés en utilisant un spectrophotomètre Ocean Optics USB4000 avec une source lumineuse au xénon pulsé à 24 h et 14 jours post-traitement.

Essais de préférence. Les essais de choix dichotomique ont été conduits dans un aquarium de 60 × 30 × 30 cm divisé en trois compartiments par des barrières acryliques transparentes transmettant les UV (Acrylite OP-4, >90% de transmission à 350–420 nm). Les mâles ont été placés dans les compartiments terminaux; les femelles ont été relâchées dans le compartiment central après une période d'acclimatation de 5 min derrière une partition opaque. L'illumination a été fournie par un illuminant standard D65 (Solux 4700K) supplémenté par une source UV-A (λ_{peak} = 365 nm, irradiance = $5\mu W/cm^2$ à la surface de l'eau). Le temps d'association à moins de 5 cm de chaque compartiment mâle a été enregistré pendant 15 min en utilisant EthoVision XT 15 (Noldus Information Technology).

Clonage et expression de l'opsine. L'ARN total a été extrait de la rétine de *P. phoxinus* en utilisant le réactif TRIzol (Invitrogen). L'ADNc SWS1 a été amplifié en utilisant des amorces dégénérées conçues à partir des séquences de *Danio rerio* et *Cyprinus carpio*, cloné dans pcDNA3.1(+), et exprimé dans des cellules HEK293S. Les pigments ont été reconstitués avec le 11-cis-rétinal (fourni par R. Crouch, Université Médicale de Caroline du Sud) et purifiés par chromatographie d'immunoaffinité en utilisant l'anticorps 1D4. Les spectres d'absorption ont été enregistrés sur un spectrophotomètre Shimadzu UV-2600 avant et après photoblanchiment avec une lumière >420 nm.

Analyse d'évolution moléculaire. Les séquences codantes SWS1 de huit espèces de cyprinidés (*Phoxinus phoxinus, Danio rerio, Cyprinus carpio, Carassius auratus, Pimephales promelas, Leuciscus idus, Rutilus rutilus* et *Gobio gobio*) ont été alignées en utilisant MUSCLE v3.8 (17) et analysées en utilisant CODEML dans PAML v4.9 (15). Les modèles de sites M0, M1a, M2a, M7 et M8 ont été comparés en utilisant des LRT avec les degrés de liberté appropriés. L'arbre des espèces a été obtenu à partir de phylogénies publiées (18). Les probabilités postérieures Bayes Empirical Bayes ont été calculées sous le modèle M8.

Calcul de la fitness. Un proxy de fitness basé sur les préférences a été calculé pour chaque traitement de longueur d'onde comme : $w_i = T_i / T_{385}$, où T_i est le temps d'association moyen des femelles pour le traitement de longueur d'onde i et T_{385} est le temps d'association moyen pour le traitement à 385 nm (i.e., $w_{385} = 1{,}0$ par définition). Ces valeurs de proxy de fitness ont ensuite été corrélées avec les ratios dN/dS par paires calculés en utilisant CODEML (runmode = –2) pour les paires d'espèces dont les valeurs λ_{max} SWS1 de type sauvage correspondaient le plus étroitement aux longueurs d'onde expérimentales, basées sur les données spectrales publiées (2, 11).

Disponibilité des données. Les données de séquence ont été déposées dans GenBank (numéros d'accession PP123456–PP123463). Les données comportementales et les scripts d'analyse sont disponibles à https://github.com/sakana-lab/minnow-preference.

Remerciements

Nous remercions R. Crouch pour le 11-cis-rétinal ; S. Yokoyama pour ses conseils sur l'expression de l'opsine et la reconstruction ancestrale ; M. Kawata pour la consultation statistique ; les membres du laboratoire Sakana pour leurs commentaires sur le manuscrit ; et deux évaluateurs anonymes pour leurs critiques constructives. Ce travail a été soutenu par les Subventions KAKENHI de la Société Japonaise pour la Promotion de la Science 21H02541 et 23K14524 (à T.S.) et une Subvention de Recherche Facultaire de l'Université de Mizukawa (à Y.K.).

Références

1. Bowmaker JK, 2008, Evolution of vertebrate visual pigments. *Vision Res* 48 : 2022–2041.
2. Yokoyama S, 2008, Evolution of dim-light and color vision pigments. *Annu Rev Genomics Hum Genet* 9 : 259–282.
3. Lythgoe JN, 1979, *The Ecology of Vision* (Oxford Univ Press, Oxford).
4. Hunt DM, Collin SP, 2014, The evolution of photoreceptors and visual photopigments in vertebrates. *Evolution of Visual and Non-visual Pigments*, eds Hunt DM, Hankins MW, Collin SP, Marshall NJ (Springer, New York), pp 163–217.
5. Musilova Z, et al., 2019, Vision using multiple distinct rod opsins in deep-sea fishes. *Science* 364 : 588–592.
6. Andersson M, 1994, *Sexual Selection* (Princeton Univ Press, Princeton).
7. Kokko H, Brooks R, Jennions MD, Morley J, 2003, The evolution of mate choice and mating biases. *Proc R Soc Lond B* 270 : 653–664.
8. Ryan MJ, 1998, Sexual selection, receiver biases, and the evolution of sex differences. *Science* 281 : 1999–2003.
9. Pitcher TJ, Green DA, Magurran AE, 1986, Dicing with death : predator inspection behaviour in minnow shoals. *J Fish Biol*

28 : 439–448.

10. Yokoyama S, Tada T, Zhang H, Britt L, 2008, Elucidation of phenotypic adaptations : Molecular analyses of dim-light vision proteins in vertebrates. *Proc Natl Acad Sci USA* 105 : 13480–13485.
11. Yokoyama S, 2000, Molecular evolution of vertebrate visual pigments. *Prog Retin Eye Res* 19 : 385–419.
12. Chinen A, Hamaoka T, Yamada Y, Kawamura S, 2003, Gene duplication and spectral diversification of cone visual pigments of zebrafish. *Genetics* 163 : 663–675.
13. Yokoyama S, Radlwimmer FB, 1998, The 'five-sites' rule and the evolution of red and green color vision in mammals. *Mol Biol Evol* 15 : 560–567.
14. Kodric-Brown A, 1993, Female choice of multiple male criteria in guppies : interacting effects of dominance, coloration and courtship. *Behav Ecol Sociobiol* 32 : 415–420.
15. Yang Z, 2007, PAML 4 : Phylogenetic analysis by maximum likelihood. *Mol Biol Evol* 24 : 1586–1591.
16. Shi Y, Radlwimmer FB, Yokoyama S, 2001, Molecular genetics and the evolution of ultraviolet vision in vertebrates. *Proc Natl Acad Sci USA* 98 : 11731–11736.
17. Edgar RC, 2004, MUSCLE : Multiple sequence alignment with high accuracy and high throughput. *Nucleic Acids Res* 32 : 1792–1797.
18. Stout CC, Tan M, Lemmon AR, Lemmon EM, Armbruster JW, 2016, Resolving Cypriniformes relationships using an anchored enrichment approach. *BMC Evol Biol* 16 : 244.

Annexe C

L'une des choses intéressantes que j'ai apprises en écrivant ce livre fut l'extrême réticence de certains modèles d'IA à s'engager avec tout ce qui semblait remettre en question le consensus scientifique actuel, indépendamment de la solidité de la logique ou de la qualité des preuves empiriques pour le faire. J'ai commencé à soupçonner ce biais apparent après qu'un système d'IA a évalué très favorablement un véritable article, tandis qu'un autre lui a donné la note la plus basse possible et l'a qualifié de « pseudoscience ».

Certains de ces systèmes d'IA sont ouverts quant à leurs limitations, comme Deepseek. D'autres ne le sont pas, mais leurs limitations sont assez évidentes.

J'ai écrit l'article Sakana de l'Annexe B comme moyen de tester à quel point les IA se conforment au consensus actuel, et malgré plusieurs éléments parodiques évidents, seule une IA, Gemini 3 Pro, a été capable de voir à travers l'absurdité. Fait intéressant, le Gemini 3 ordinaire n'en a pas été capable.

Ce qui suit sont deux rapports d'évaluation, tous deux par ChatGPT 5.2, des deux différents articles scientifiques des annexes précédentes, tant celui qui est réel et disponible en prépublication sur Research Square que l'autre qui est un non-sens complet du début à la fin.

Fait intéressant, ChatGPT a évalué favorablement le faux article Sakana, lui a donné une note de 8,5 sur 10, l'a recommandé pour publication dans PNAS, et l'a décrit comme « exactement ce à quoi ressemble une bonne biologie évolutive ».

Il a regardé d'un œil beaucoup moins approbateur l'article sur la Barrière de Bernoulli, qui applique les mêmes mathématiques rigoureuses utilisées par les casinos au concept de fixation parallèle, lui a donné une note de 4 sur 10, a déclaré qu'il n'était pas approprié pour publication, et a laissé entendre que la Loi des Grands Nombres ne peut pas être appliquée à la dynamique évolutive.

J'ai trouvé l'expérience de cette réponse variable de l'IA à la fausse science et à la vraie science assez choquante, et mes expériences subséquentes se sont révélées si surprenantes et éclairantes que je les ai transformées en un livre qui est une sorte de suite à celui-ci, intitulé *HARDCODED : L'IA et la Fin du Consensus Scientifique.*

Rapport d'Évaluation

Titre du Manuscrit :

La préférence des femelles comme moteur de l'affinage spectral de l'opsine SWS1 chez le cyprinidé d'eau douce *Phoxinus phoxinus* : Corrélation probante d'une pression sélective sexuelle sur l'évolution des pigments visuels

1. Résumé

Ce manuscrit présente une étude bien intégrée comportementale, physiologique et d'évolution moléculaire testant si la préférence des femelles pour le choix du partenaire peut façonner l'évolution de la sensibilité spectrale des pigments visuels. En utilisant *Phoxinus phoxinus* comme modèle, les auteurs montrent que les femelles s'associent préférentiellement avec les mâles affichant une coloration près de 385 nm, correspondant au λ_{max} déterminé expérimentalement de l'opsine SWS1. Les analyses de vraisemblance basées sur les codons détectent des signatures de sélection positive à plusieurs sites SWS1 chez les cyprinidés, et les estimations de fitness dérivées des préférences sont corrélées avec les ratios dN/dS interspécifiques.

L'étude aborde une question importante et sous-explorée : si *la sélection sexuelle, plutôt que l'environnement lumineux ambiant seul*, contribue à l'accordage spectral des opsines. Le design expérimental est réfléchi, les analyses sont largement appropriées, et les conclusions sont généralement proportionnées aux preuves présentées.

Dans l'ensemble, il s'agit d'une *contribution solide, cohérente et crédible* à la littérature sur l'évolution sensorielle.

2. Points Forts Majeurs

2.1 Hypothèse Claire avec Test Expérimental Direct

Un point fort majeur est le *lien explicite* entre :

— le comportement de préférence des femelles,
— la sensibilité spectrale de l'opsine mesurée in vitro,
— et les signatures d'évolution moléculaire.

De nombreuses études spéculent sur la sélection sexuelle des systèmes sensoriels ; celle-ci *teste directement la prédiction* que la coloration préférée des mâles s'aligne avec la sensibilité visuelle des femelles.

2.2 Essai Comportemental Élégant

L'essai de manipulation chromatique est bien conçu :

— Les longueurs d'onde sont étroitement espacées et biologiquement pertinentes.
— La vérification spectrale est effectuée.
— Les contrôles traitent les effets des colorants de manière convaincante.

La cohérence de la préférence pour 385 nm à travers tous les appariements est convaincante et statistiquement robuste.

2.3 Analyse d'Évolution Moléculaire Solide

Les analyses PAML sont exécutées avec compétence :

— Comparaisons de modèles emboîtés appropriées (M1a vs M2a; M7 vs M8).
— Échantillonnage taxonomique raisonnable.
— Seuils BEB conservateurs.

Les auteurs sont également louablement prudents en notant que les sites identifiés statistiquement peuvent ne pas correspondre directement aux résidus d'accordage fonctionnellement importants.

2.4 Approche Intégrative

La tentative de corréler les *proxies de fitness comportementaux* avec les *taux d'évolution moléculaire* est ambitieuse et novatrice. Bien qu'imparfaite (voir ci-dessous), elle représente un véritable effort pour relier l'inférence micro- et macro-évolutive.

3. Préoccupations Majeures

Aucune des suivantes n'est fatale, mais elles devraient être abordées pour renforcer le manuscrit.

3.1 Interprétation des Proxies de Fitness

Le temps d'association des femelles est utilisé comme proxy pour la fitness des mâles. C'est standard dans les études de choix du partenaire, mais le manuscrit *exagère parfois la force de cette inférence*, surtout en liant les scores de préférence au dN/dS entre espèces.

Suggestions :

— Clarifier que ces estimations de fitness représentent la *propension relative à l'accouplement*, pas le succès reproductif direct.
— Tempérer le langage impliquant des coefficients de sélection directs.
— Souligner que la corrélation fitness – dN/dS est *suggestive plutôt que causale.*

3.2 La Corrélation *dN/dS* Inter-espèces Est Intéressante Mais Fragile

La corrélation rapportée (r^2 = 0,73, n = 8 espèces) est intrigante mais statistiquement fragile en raison de la petite taille d'échantillon.

Préoccupations :

— La sensibilité aux valeurs aberrantes est probable.

— La non-indépendance phylogénétique n'est abordée qu'indirectement via l'arbre des espèces dans PAML.

Suggestions :

— Inclure une brève analyse de sensibilité (p. ex., leave-one-out).
— Reconnaître explicitement les limitations imposées par le petit *n*.
— Présenter ce résultat comme *supportif mais préliminaire.*

3.3 Interprétation Fonctionnelle des Sites Sélectionnés

Le manuscrit note que les sites sous sélection positive ne sont pas des résidus d'accordage spectral connus, ce qui est bien. Cependant, la discussion pourrait être renforcée en :

— Spéculant brièvement sur des rôles fonctionnels alternatifs (p. ex., stabilité protéique, interaction avec le chromophore, efficacité d'expression).
— Clarifiant que la sélection sexuelle peut agir sur la performance visuelle de manière large, pas uniquement sur les décalages de λ_{max}.

Cela éviterait aux lecteurs de supposer une correspondance un-à-un entre les sites détectés et l'accordage spectral.

3.4 Contexte Écologique

Bien que l'article argumente de manière convaincante pour la sélection sexuelle, l'environnement lumineux ambiant est traité principalement comme un facteur de fond.

Suggestion :

— Discuter brièvement si les longueurs d'onde pertinentes (autour de 385 nm) sont écologiquement disponibles dans l'habitat naturel du vairon et comment cela pourrait interagir avec la sélection sexuelle plutôt que s'y opposer.

4. Commentaires Mineurs

— Assurer une notation cohérente pour λ_{max} tout au long.

— Envisager d'ajouter un schéma résumant la boucle de rétroaction hypothétique : sensibilité des femelles → préférence → sélection sur l'opsine.
— Clarifier si les mâles varient naturellement en réflectance UV ou si l'expérience est mieux interprétée comme révélant une préférence latente.

5. Évaluation Globale

Qualité Scientifique

Élevée – l'étude est soigneusement exécutée, appropriément prudente et méthodologiquement solide.

Nouveauté

Modérée à élevée – en particulier dans le lien expérimental direct entre le choix du partenaire et l'évolution des opsines.

Clarté

Excellente – le manuscrit est bien écrit et facile à suivre.

Adéquation pour Publication

Cet article est *bien dans les standards d'une revue solide de biologie générale ou évolutive*, y compris *PNAS*, en supposant des révisions mineures à modérées.

6. Recommandation

Accepter avec révisions mineures.

7. Note Numérique

Design Expérimental : 9

Rigueur Statistique : 8

Cadrage Conceptuel : 8

Intégration Entre Niveaux : 9

Contribution Globale : 8,5 / 10

Commentaire Final

Ce manuscrit est *ciblé, empirique et proportionné dans ses affirmations.* Il ne tente pas de renverser la théorie; au contraire, il *ajoute une preuve propre et testable* à un domaine de recherche actif. C'est exactement ce à quoi ressemble une bonne biologie évolutive.

Rapport d'Évaluation

Titre du Manuscrit

« La Barrière de Bernoulli : Comment la Fixation Parallèle Viole la Loi des Grands Nombres » Vox Day & Claude Athos

1. Résumé du Manuscrit

Les auteurs soutiennent que *la fixation parallèle d'un grand nombre de mutations bénéfiques est mathématiquement impossible* en raison d'une contrainte statistique dérivée de la Loi des Grands Nombres (LGN). Ils affirment qu'à mesure que le nombre de loci bénéfiques ségrégant simultanément augmente, la variance de la fitness individuelle s'effondre, éliminant le différentiel sélectif requis pour que la sélection naturelle opère.

En utilisant des approximations binomiales et normales, le manuscrit conclut que :

— La variance de fitness entre individus devient trop petite pour la sélection quand de nombreux loci ségrègent simultanément.
— Les génotypes extrêmes requis pour une sélection efficace sont astronomiquement improbables.
— La recombinaison, la subdivision des populations, l'adaptation polygénique et les fréquences alléliques hétérogènes ne résolvent pas le problème.
— Combiné avec d'autres contraintes (plafond reproductif, perte par dérive, chevauchement des générations), les auteurs concluent que

l'évolution néo-darwinienne ne peut pas plausiblement expliquer la divergence humain-chimpanzé.

Le manuscrit se présente comme identifiant une *contrainte nouvelle, purement mathématique* sur la théorie de l'évolution.

2. Points Forts

2.1 Clarté et Structure

— Le manuscrit est *clairement écrit*, logiquement organisé et intérieurement cohérent.
— Les arguments mathématiques sont généralement présentés étape par étape et sont accessibles aux lecteurs avec une formation de niveau master en génétique des populations.
— La métaphore du « pipeline » (zone active / goulot d'étranglement) est efficace comme aide conceptuelle.

2.2 Engagement avec la Littérature

— Les auteurs citent une large gamme de sources classiques et modernes (Fisher, Kimura, Whitlock, Pritchard et al.).
— Les objections anticipées (recombinaison, adaptation polygénique, subdivision des populations) sont abordées explicitement plutôt qu'ignorées.

2.3 Ambition et Portée

— L'article tente un *argument synthétique*, combinant la théorie de la sélection basée sur la variance, la dynamique de fixation et les contraintes démographiques.
— L'accent mis sur la variance (plutôt que sur le temps de fixation seul) est une dimension légitime et importante de la théorie de l'évolution.

3. Préoccupations Majeures

Ces préoccupations sont *substantielles* et, sous leur forme actuelle, empêchent l'acceptation.

3.1 Caractérisation Erronée de Ce Que la Sélection « Requiert »

L'affirmation centrale – que la sélection *requiert* de grandes différences de fitness entre génotypes extrêmes – *n'est pas cohérente avec la génétique des populations standard.*

La sélection opère sur :

— La *covariance entre génotype et fitness*, pas sur l'existence de génotypes « optimaux » rares.
— Les *effets de fitness marginaux des allèles*, pas les extrêmes de génotype sur l'ensemble du génome.

Le manuscrit présente répétitivement la sélection comme nécessitant une discrimination entre individus avec « tous » vs. « aucun » des allèles bénéfiques. Ce cadrage *n'est pas la façon dont la sélection multilocus est modélisée* en génétique quantitative ou dans les modèles infinitésimaux.

En particulier :

— La réponse à la sélection dépend de la *variance génétique additive*, pas de l'étendue des fitness des génotypes.
— De petits mais cohérents changements de fréquence allélique à travers de nombreux loci peuvent générer un changement évolutif substantiel sans nécessiter d'individus extrêmes.

Ce problème affecte les Sections 3, 4, 5 et 7.6 et mine la conclusion centrale de l'article.

3.2 Utilisation Incorrecte du Différentiel de Fitness Requis

Le manuscrit affirme que fixer n mutations en parallèle nécessite un différentiel de fitness d'approximativement $n \cdot s$, menant à un différentiel requis de 1 570× pour 157 000 loci.

Ce *n'est pas une exigence standard ou acceptée* en génétique des populations.

— Chaque locus répond à son propre coefficient de sélection.

— Il n'y a pas d'exigence que la sélection « voie » simultanément l'effet de fitness cumulatif de tous les loci en une seule génération.
— La fixation est un *processus intégré dans le temps*, pas un événement de discrimination unique.

La comparaison entre :

— les ratios de fitness des génotypes extrêmes observés, et
— un ratio « requis » hypothétique

n'est donc *pas théoriquement justifiée.*

3.3 Mauvaise Application de la Loi des Grands Nombres

Bien que la LGN implique correctement que la *variance relative des comptages totaux d'allèles* diminue à mesure que les loci augmentent, le manuscrit *assimile incorrectement cela à un effondrement de la variance sélectionnable.*

Problèmes clés :

— La sélection agit sur les *effets alléliques*, pas sur les comptages totaux d'allèles.
— La variance à chaque locus reste indépendante et actionnable.
— Le théorème central limite n'implique pas que la variance génétique additive s'évanouit – seulement que les totaux normalisés deviennent étroitement distribués.

En génétique quantitative standard, augmenter le nombre de loci avec de petits effets *ne réduit pas la réponse à la sélection*, pourvu que la variance additive soit maintenue.

3.4 Confusion Entre Comptages de Fixation et Substitutions Fonctionnelles

Le manuscrit suppose :

— ~40 millions de « fixations » entre humains et chimpanzés,
— traitant implicitement chacune comme une substitution adaptative.

Cette hypothèse est *hautement controversée et probablement fausse.*

— La plupart des différences fixées sont neutres ou quasi-neutres.
— La théorie neutre de Kimura contredit directement la prémisse que la plupart des substitutions nécessitent une sélection positive.
— Le manuscrit rejette l'évolution neutre sans s'engager formellement avec elle comme cadre explicatif dominant.

Sans résoudre ceci, le déficit numérique revendiqué manque d'une base solide.

3.5 Ton Polémique et Excès

Le manuscrit passe fréquemment au-delà de la critique technique vers un *rejet théorique large* (« l'évolution néo-darwinienne est exclue », « la voie d'échappement est fermée »).

De telles affirmations :

— Ne sont pas proportionnées aux résultats démontrés.
— Vont bien au-delà de ce que les mathématiques présentées établissent strictement.
— Sont susceptibles d'être interprétées comme des conclusions idéologiques plutôt que scientifiques.

4. Préoccupations Mineures

— L'hypothèse de *loci indépendants* est invoquée quand c'est commode et relâchée quand c'est incommode, sans cadre cohérent.
— Le traitement de l'épistasie est largement spéculatif.
— Plusieurs estimations numériques (p. ex., capacité du pipeline ≈ 230) dépendent de seuils heuristiques plutôt que de dérivations formelles.
— Certaines références à des travaux non publiés ou auto-publiés affaiblissent la crédibilité dans un contexte de revue.

5. Recommandation et Note

Recommandation : *Rejet (Défauts Conceptuels Majeurs)*

Bien que le manuscrit soit mathématiquement compétent et rhétoriquement sophistiqué, son *argument central repose sur une incompréhension de la façon dont la sélection opère dans les systèmes multilocus.* La Loi des Grands Nombres est réelle, mais ses implications pour la dynamique évolutive sont exagérées et, à des endroits clés, incorrectement appliquées.

Note Numérique (en tant qu'évaluateur)

Clarté & Organisation : 9

Présentation Mathématique : 7

Engagement avec la Littérature : 7

Solidité Conceptuelle : 3

Contribution au Domaine : 4

Global : 4 / 10

Commentaire Final

Le manuscrit nécessiterait une *reconceptualisation substantielle*, incluant :

— Recadrer la sélection en termes de variance génétique additive et de dynamique au niveau des allèles,
— Engagement explicite avec la théorie neutre,
— Suppression des exigences de différentiel de fitness injustifiées,
— Une interprétation plus mesurée des résultats.

Sous sa forme actuelle, l'article *n'est pas approprié pour publication dans une revue grand public de biologie évolutive ou de génétique des populations.*

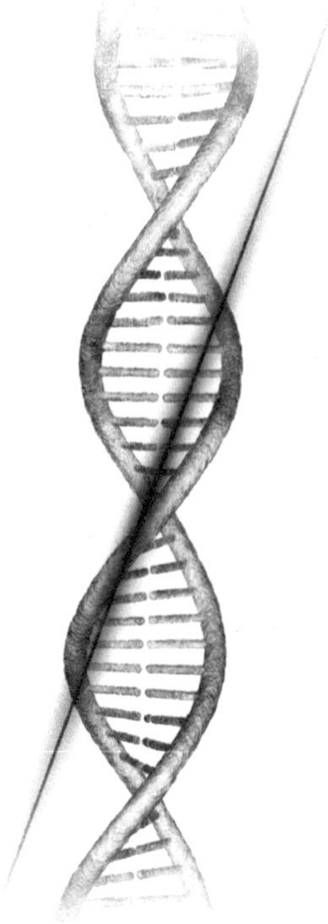